开拓眼界　增长知识　提升文明　丰富人生

仙女是外星人吗？

仙女传说溯源

XIANNVSHIWAIXINGRENMA

林南 著

U0320104

江西人民出版社

图书在版编目(CIP)数据

仙女是外星人吗？:仙女传说溯源 / 林南著. --
南昌 : 江西人民出版社, 2013.5
ISBN 978-7-210-05943-1

Ⅰ.①仙… Ⅱ.①林… Ⅲ.①地外生命-普及读物
Ⅳ.①Q693-49

中国版本图书馆 CIP 数据核字(2013)第 107593 号

书名:仙女是外星人吗？ ——仙女传说溯源
作者:林 南 著
出版:江西人民出版社
发行:各地新华书店
地址:南昌市三经路 47 号附 1 号
电话:86898283(编辑部)　　86898815(发行部)
邮编:330006
网址:www.jxpph.com
E-mail:jxpph@tom.com　　web@jxpph.com
2013 年 6 月第 1 版　　2013 年 6 月第 1 次印刷
开本:880 毫米×1230 毫米　1/32
印张:5.875　　字数:150 千
ISBN 978-7-210-05943-1
定价:19.80 元
印刷:新余日报社印刷厂
赣版权登字—01—2013—154

仙女下凡图（陈祖煌作）

陈祖煌，笔名山鹿，浙江临安人，1942年出生。中国美术家协会会员，江西省美协副主席，国家一级美术师，享受国务院津贴的有突出贡献专家。其创作的版画《春潮》获第六届全国美展铜奖，并为中国美术馆收藏。入编《中国美术家人名辞典》、《中国美术家名鉴》等十余家辞书。

复活节岛石像群（林南翻拍自《全球100文明奇迹》）

在波涛汹涌的南太平洋中，有一个面积仅有117平方公里的近乎蛮荒的小岛，岛上竟然矗立着近1000尊巨大的石雕人像。这就是被当地居民称为"内鲁"的先祖的化身。

鄱阳湖风光（杨晓宁摄）

鄱阳湖是中国第一大淡水湖，位于江西省北部，古称"彭蠡湖"。据《汉书·地理志》"豫章郡彭蠡"条载："彭者大也，蠡者瓠瓢也"。面积3150平方公里。丰水季节烟波浩渺、水天一色；枯水季节水草丰茂，芦苇丛丛。有大量鹤、鹭、天鹅等"凌波仙子"在这里栖息翻飞。

仙女湖风光（周瑞生摄）

仙女湖位于江西省新余市西南郊16公里处，景区面积198平方公里，湖面50平方公里。是东晋文学家干宝所著古籍《搜神记》中记述的"七仙女下凡之地"。

序

李 前

　　近日接到林南电话,他说他写了一本新书,想请我作序。尽管我曾一再宣称不再干这题跋作序一类的苦差事了,但作为老朋友,我还是为他新作的问世感到高兴,遂答应先看看书稿再说。我想:林南写的书,不外乎文学艺术和社科理论这两大范畴,为之作序,对我也许不算一件太过艰难的事儿。

　　没想到, 他带给我的却是一本题名为《仙女是外星人吗?》的书稿。你瞧,这书名就挺"耸人听闻",再翻了翻"引言"、"结语"和全书 9 个章节的内容提要,则更觉 "匪夷所思"!

　　这本书的命题和内容,太令我感到陌生和意外了。因为在我的印象中,林南是一位受正统唯物史观熏陶多年的职业理论宣传工作者,还出版过得到省领导高度评价的理论文集《发展探微》,他怎么会对仙女和外星人之类的问题感兴趣,并呕心沥血地为之著书立说呢?这个林老弟,是不是有点"不务正业"？再说,他何时涉足过这一新奇玄幻的研究领域？他具备足够的知识积累吗？他能科学地把握和运用好相关的知识吗？而对我来说,过去虽曾为文友们的著作写过多篇序言,但那都是我所熟悉的文学艺术和社科理论类的书籍,而为《仙女是外星人吗？》这类书作序,我还是大姑娘坐花轿——头一回。所以,要我撰写这篇序言,委实让我感到为难。

值得庆幸的是,当我一旦展读此书时,居然很快被它吸引住了。通读全书,便觉煞有介事,且受益匪浅。于是,我自觉地将阅读和写序的过程,当成了增长知识、消除疑虑、转变观念的过程。

说实话,这本书的书名颇具悬念;对书中的若干观点,我既不敢恭维却又不能否认。尽人皆知,关于神话传说,自古至今人们已是司空见惯;有关外星人的传闻,也早已不是什么新鲜话题。然而,本书作者竟能将神话传说与外星人来到地球的经历,自然而有机地融合在一起,并演绎得如此生动有趣、自成体系而又自圆其说——这等功夫,足以令我刮目相看。书中许多新奇的观点,常常令我诧异,让我震惊。我至今都不明白:这个平日不苟言笑神态严肃的林南,怎么会写出这么一本想象飞扬、推论大胆、新颖独特的奇书来呢？

当今时代,关于外星人的读物并不鲜见,互联网上有关外星人的传闻更是五花八门。但是,林南并没有人云亦云或故弄玄虚，而是在广泛涉猎各种读物的基础上，慧眼独具地干起了披沙拣金的活计。他在本书中，融汇了大量天文、地理、考古、人类学和生命科学等方面的知识，通篇以缜密的逻辑结构和严肃的考证语言构成，使你觉得书中所言并非空穴来风，而是有凭有据，让你在不知不觉间受到感染，予以认同。本书的文字通俗易懂、自然流畅。我以为，从某种意义上说，此书也是一本知识丰富、信息密集、别开生面的科普读物。

我还注意到，这本书是以晋代文学家干宝的名著《搜神记》中《田中毛衣女》一文，为主要叙述线索；由于这一故事的发生地为"豫章新喻"（即今新余市——笔者），这就给本书烙上了新余地域文化的印记。然而，本书没有受到地域的限制，而是以一种宏阔的、世界的、宇宙的眼光来观察与分析问题，从而为新余的仙女文化品牌赋予了全新的意义，有效地提升了新余仙女文化品牌的品位及其知名度和美誉度。

尤其令人欣慰的是，本书摆脱了某些类似读物一味猎奇媚俗的通病，其格调是阳光健朗的，其主题是积极向上的。这些特质，贯穿于全书的始终。而在最后一章中，作者通过对"重拾失落的文明"、"保护地球"、"寻找仙女"、"跟上仙女的脚步"的阐述，表达的正是人们热爱和平、崇尚美好、弘扬优良传统、追求文明进步的殷切愿望，也是《仙女是外星人吗》一书所要凸显的主题。由此可见，作者始终没有忘记自己的社会责任感；他在书中所传递的，是人类文明发展与进步的正能量。

　　亲爱的读者，无论书中的观点你是否认同，不管书中的结论能否得到验证，但有一点是明确的：这是一本健康有益、值得阅藏的阳光读物，也是一道饱含文化和科学味道的精神大餐。

　　是为序。

2013 年 4 月 23 日 于仙女湖畔 秋山斋

　　（李前系中国作家协会会员、中国散文学会理事，著名作家。著有传记文学《不落的星》、散文集《红与绿》等，曾获全国"冰心散文奖"等 40 余种奖项。）

目　录

引 言

仙女下凡的传说是人类神话传说中一颗璀璨的明珠。它讲述的是这样一则美轮美奂的神话故事："很久很久以前，一群仙女披着美丽的七彩羽衣飘然而至，降落在清澈的湖水中洗浴。世间有一位英俊的男子见到了这一幕，惊艳之余，顿生爱意。他悄悄藏起了其中一件羽衣，深情地向她们走去。仙女们见有人来，纷纷身披羽衣，飞升而去。而那位没有羽衣的仙女，留了下来，同男子成婚，生儿育女。若干年后，仙女复得羽衣，也飞升而去。再过了一段时间，仙女又返回

仙女下凡图 陈祖煌作

凡间,接走儿女,从此杳无音讯。"

这则神话故事,流传之广、覆盖之宽,令人惊奇。这则"羽衣仙女"或称为"天鹅处女型"的故事,尽管版本不同,细节不同,但它确确实实在世界各地民间广为流传,历经悠久的岁月而经久不衰,并从口口相传到各个不同历史时期的文字记载。

在西方权威性的民间故事工具书 AT 分类法中,这类故事被编号为 D361.1。据 AT 分类法统计,这类故事遍布于全世界 50 多个国家和民族,已发现的各种文字版本达 1200 多篇。在世界范围内,它出现于《百道梵书》《六度集经》《圣经》《一千零一夜》和《故事海》《希腊神话故事》等多种宗教、文学书籍中,而作为口头故事,其分布就更广了。正如著名学者史蒂斯·汤普桑(Stith.Thompsom)所说:"它是全球性的,均匀而又深入地遍布欧亚两洲,几乎在非洲的每一地区都能找到许多文本,在大洋洲每一角落以及在北美印第安族各文化区都实际存在。还有许多文本散见于牙美加、尤卡坦和圭亚那的印第安人中。"甚至在离北极只有几百英里的爱斯基摩人中,居然也有这个仙女沐浴的故事流传。可见,这则仙女下凡的故事传说已跨越国界,是一个宝贵的世界非物

《希腊神话故事》封面

质文化遗产,是属于全人类的共同文化财富。

在我国的汉族、苗族、傣族、蒙古族、壮族、满族、哈萨克族和纳西族等二十多个民族的民间故事典籍中,都可见到这一故事的踪影。由仙女传说而衍生出来的董永与七仙女的"天仙配"的故事,由于民间故事和黄梅戏、电影等形式的流传,使董永与七仙女传说列入国家非物质文化遗产名录。因为一般人认为,仙女的出处是无从考证的,而董永是普通人,是有出生地的。董永在哪里,仙女的故事就在哪里。因此,围绕董永的原籍问题各地展开了一场旷日持久的申遗争夺战。到目前为止,已有山西省万荣县、江苏省东台县、河南省武陟县、湖北省孝感市、江苏省金坛县先后成功申报了董永与七仙女发源地的国家非物质文化遗产。而安徽省安庆市、当涂县积极利用其黄梅戏的优势,打造"天仙配"品牌,做大做强相关文化旅游产业。

其实,董永与七仙女的故事在中国虽然传播得较为广泛,也只是世界范围内天鹅处女型神话传说的一个分支。而且它有较多人为加工的痕迹,最明显的是它掺进了很多孝敬父母、善有善报、男耕女织、夫妻和睦等道德因素。

而在迄今为止的所有记载这类故事的中外典籍中,较早而又较原始地记载这则故事的,当属公元4世纪东晋时期文学家干宝所著的《搜神记》中所记"田中毛衣女"一文。该文原文如下:

"豫章新喻县男子,见田中有六七女,皆衣毛衣,不知是

《搜神记》封面

鸟。匍匐往，得其一女所解毛衣，取藏之，既往就诸鸟。诸鸟各飞去，一鸟独不得去。男子取以为妇，生三女。其母后使女问父，知衣在积稻下，得之，衣而飞去。后复以迎三女，女亦得飞去。"

这段文字，是较早关于仙女下凡故事的文字记载。这则文字记载，不但故事完整，而且叙述客观，它没有带任何政治倾向和道德色彩。只是在文中载明了故事发生地点——豫章新喻。古豫章郡，今属江西省所辖范围。古新喻县，即今天的新余市（新喻县1957年经国务院批准更名为新余县，1983年经国务院批准将新余县和分宜县合并设立为新余市）。这则文字记载很显然应该是直接取自于当地的民间口传，而不是从其他文字记载中转述而来。《搜神记》这段文字记载，对后世关于七仙女下凡的故事、牛郎织女七夕相会的故事、董永与织女天仙配的故事等的演变、传播，产生了很大的影响。

以牛郎织女的故事为例。在春秋战国以前，这则故事一直是讲述天上两颗星之间发生的故事，只不过是将两颗星星拟人化了。如东汉的《古诗十九首》中有一首诗云：

"迢迢牵牛星，皎皎河汉女。纤纤擢素手，札札弄机杼。终日不成章,泣涕零如雨。河汉清且浅,相去复几许?盈盈一水间,脉脉不得语。"

这首诗描绘了一个终日在天宫劳作而压抑苦闷的织女形象。

又如汉末魏初曹操的儿子曹丕有一首诗《燕歌行》这样描写道:"明月皎皎照我床,星汉西流夜未央。牵牛织女遥相望,尔独何辜限河梁?"

在曹丕的这首诗中,牛郎、织女是分开的,隔河相望,讲的也仅仅是天上的故事。

及至《搜神记·田中毛衣女》的故事传播开来后,人们找到了天女来到人间的方式、工具和途径。于是,牛郎织女的故事吸收了毛衣女传说的

西方神话传说中的七仙女沐浴图

故事情节,慢慢演化为这样一个较完整的故事:

"织女为天上的仙女,牛郎为地上的穷苦青年。牛郎父母去世后,备受兄嫂的虐待,更无法成家。唯一相伴的老牛感其善良,要帮助他。老牛教他某月某日某时趁织女姐妹们沐浴之时,留取一件最漂亮的衣服,便可成家。牛郎照此办理,果然得遇织女。牛郎织女成亲后生有一子一女,生活幸福。后来天帝获悉此事,大为震怒,派天神将织女遣回。牛郎无法留住织女,

只能仰天号哭。其时老牛将死，嘱牛郎于其死后，剥皮披上，便可登天。正在牛郎披牛皮携子女即将赶上织女之时，王母娘娘拔头上金簪凭空一划，牛郎眼前顿时出现一条波涛汹涌的天河，即银河。从此，牛郎、织女只能隔河相望，终日悲泣。后来，他们的真情感动了喜鹊，每年农历七月七日，天下的喜鹊便会用自己的身体为牛郎织女架设起一座相会的鹊桥。"

举牛郎织女传说故事演变的例子，只是说明，古代神话故事，尤其是民间传说，总是根据最初的原始传说，融合人们当时的道德取向和感情因素而不断具体化、文学化、人性化的。

我们还是回到《搜神记》这段关于毛衣女的传说中来。这段不到200个字的短短的文字记载，告诉了我们怎么样的信息呢？这段文字，至少包含了以下几个方面的信息：

其一，有神仙从天上而来；

其二，她们不是"一个"而是"一群"；

其三，她们借助"毛衣"飞行；

其四，其中一位毛衣女在人间生有子女；

其五，她去而复返，并带走了子女。

那么，这个仙女下凡的传说故事是从何而来的？它仅仅是个神话传说吗？它所蕴含的信息有什么依据和渊源呢？

烟雾一样的谜团弥漫在人们眼前，是纯属虚构还是确有其事的疑问纠结在人们的心头。

本书将以这则仙女下凡的传说为主线，追根溯源，去探寻那神秘而又奥妙的远古源头。

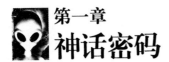

第一章
神话密码

★**神话新解**　神话不完全是人们对无法解释的自然和社会现象归结于神灵的作用而编造出来的故事。神话的本质是信息积累和传递的手段，是口述历史的一种形式。

★**巧合还是同源**　古今中外的神话故事都与"天"相联系，都有"从天而降"、"喷火闪电"、"战车"、"羽衣"和各种超能力的情节，它们是那样的不约而同。与其说是巧合，不如说它们有着相似的背景，是出自同一个源头。

★**未解之谜**　世界各地许多史前遗迹反映出来的文明程度、科技水平与我们已知的人类文明发展史出现了巨大而明显的反差。人们至今无法解读这些遗物、遗址的正确含义。神话传说可能是我们破解许多未解之谜的"金钥匙"。

1 神话新解

在分析仙女传说的源头之前,我们先来了解一下什么是神话。在古代,"神"、"仙"是很难分开的。在中国民间传说中,神话更多地表现为神仙故事。神仙传说应该归类于神话。

什么是神话?这个问题很难说清楚,即使能够回答,也还是有点玄乎。你也许会说,神话不就是人们对解释不清的自然和社会现象归结于神灵的作用而编造出来的故事吗?恐怕没有这么简单。

历史学家顾颉刚对神话有一套完整的理论。他认为,神话是"层层叠加的历史"。他在研究神话时发现,神话反映了一定的历史。最早的神话是原始人根据当时发生的事件编造出来的,此后,一代又一代的人们不断地编下去,新神话代替老神话,以至于最后的神话与原始人当初反映了一定历史的神话已经相去甚远。于是,在人们的眼里,神话就只是神话,不能当历史看待。

西琴在法老像前

美国著名学者撒加利亚·西琴(Zecharia Sitchin)是世界上少数几个能看懂苏美尔人的楔形文字的语言学家之一,也是公认的研究古希伯来语(埃及象形文字)专家。西琴认为,无论是《圣经》传说或者是苏美尔人和埃及的神话都不应该被理解为神话,相反,它们应该被理解为"新闻纪实"。西琴在他的代表作《地球编年史》系列书的姐妹篇《重回起源》中谈到,遭遇神迹是很多古代典籍一再出现的主题,从伊甸园到吉尔伽美什中所有的神或者女神,实际上都是指阿努那奇人。阿努那奇人被多部典籍描述为"神的儿子们"、"从太空船上下来的人"。西琴说:"他们(指一些传统的研究专家)将这些文本当做神话看待,而我认为这些事情真的发生过。"

实际上,神话远非人们想象的那么简单,它应当引起人们对其重新定义。从本质上讲,神话是信息积累和传递的手段,并非是某些人的凭空编造,它是人类认识和经历的真实再现。神话是口述历史的一种形式,在民间流传,加上生活化、情感化、场景化等因素,就成了神话传说。当然,在神话传说传播的过程中,由于认识的偏差、传播的误差,也由于神话自身在发展中也会融合、兼并其他同类型神话的内容,导致一些神话传说会严重变形,失去原来的模样。但无论如何演变,它口述历史的本质不会变。

我们应该相信,原始人在神话中想要告诉后人的,绝不仅仅是奇妙的幻想,更不是漫无边际的梦境,它要告诉我们的是某些真实的东西以及他们那个年代曾经发生过的一些历史事件。那么,神话都传达了些什么信息呢?

② 巧合还是同源

纵观古代神话传说,不管传播的地域是泱泱华夏还是异域他邦,也不管传播人各自种族、语言、风俗习惯是多么的不同,宗教信仰存在多么大的差别,但都有一个共性,这就是这些神话传说最原始、最原生态的那一部分,总是同"天"有关,同"火"有关,同"鸟"有关,同"超能力"有关。

中国神话传说中最古老和最大的神当属"天帝"。名称有"玉皇大帝"、"盘古"、"伏羲"、"黄帝"、"如来"、"太上老君"等等。

中国神话中的"天帝"是什么？望文生义,就是天上的主宰者。这里的"天",并不是指现在人们理解是无边无际的天空,而是实有所指的"天庭",是居高临下实施统治的地方。例如《西游记》里孙悟空大闹天宫,天宫里有"玉皇大帝"、"托塔李天王"、"天兵天将"等不同等级的神职和名称,发生了许多引人入胜的故事。

中国上古神话很多是以"天"为中心展开的,许多神迹都和"天"有密切的关系。例如,"开天辟地"的神话,涉及盘古、伏羲、女娲、黄帝等神;"天梯"的神话,涉及伏羲兄妹、颛顼、柏高、十巫等神;"女娲补天"的神话,涉及女娲、祝融、共工等神;"嫦娥奔月"的神话,涉及嫦娥、西王母、玉皇大帝、太上老君等神。

与中国神话相对应的是,在外国的神话传说中,最古老的神和最被认同的神是"上帝",名称有"宙斯"、"耶稣"、"阿波罗"、"释迦牟尼"、"亚当"、"夏娃"等等。

西方神话中的"上帝"是什么?它并不是虚无缥缈的冥冥精神世界的虚幻

嫦娥奔月

影像,而是指上面(指头顶上的某处)至高无上的统治者。这个"上"也不是无边无际的天空,而是可以俯视人间、裁判人类的地方。西方神话故事中,记叙得最多的也都与"天上"有

宙斯神庙

关。例如,宙斯是天上降临的统治者。在古苏美尔人眼中,最大的神是"阿努那奇",翻译成汉语就是"从天而降的神"。希腊神话中,奥林匹斯山是众神的住所,

宙斯的儿子阿波罗驾着太阳车来到人间，教人们筑城修路。北欧神话和希腊神话有几乎一样的内容。这里所指的奥林匹斯山是普通人不可企及的"圣山"，相当于中国神话中所指的"天庭"。

在古今中外的神话故事中，都不约而同地有"从天而降"的情节，有"喷火闪电"的情节，有"飞毯"或是"羽衣"的情节，有 "呼风唤雨"、"移山填海"、"出神入化" 等超能力的情节……它们是那样的不约而同，那样的巧合，使人们困惑于一种现象：相似的神话！相似的文明！

要知道，在古时候，在以狩猎采摘和刀耕火种为特征的落后的生产力发展阶段，地区间的文化交流尚未形成，各地区的文明发展形式有很大的独立性，如非洲大陆和澳洲大陆之间隔着辽阔的太平洋。在公元以前的古代，澳洲土著人是不可能划着独木舟来到非洲大陆的。然而，在各个相对封闭的早期神话传说体系中，世界各地区、各民族的神话竟然存在惊人的相似的情节。这不能不使人猜测，它们是否出自相同的背景，有着相似的经历，是对同类事件的不同描述。如果是这样，神话传说应该会和某些历史遗存相印证。

3 未解之谜

按照历史学家的历史分期,人们把有文字记载以后的历史称为人类文明史,即把文字产生以前的历史算为史前史。迄今为止,在埃及发现的最早文字大约起源于公元前 4000 年,距今 6000 年。古巴比伦文化的泥板文书距今已有 5500 年历史。中国最为古老的文字要属甲骨文,它大约产生于商周时期,距今有 5000 多年的历史。从古印度人生活的地方发掘出的石器、陶器、象牙等物件上,有许多奇怪符号,经研究判断,这些符号具有表音和表意的意义,应该是最早的古印度文字,距今约 5000 年。以上可见,单从文字的出现来说,人类文明是经 6000 年的岁月发展而来的。而在之前,大约从 200 万年以前开始,人类从类人猿渐渐进化,进入旧石器时期,直到进入新石器时期。这段漫长的史前史与我们现在所指的人类文明史的时间比例是 3000000:1。在这段遥远而漫长的史前时期,发生了什么呢?按理说,人类文明发展进程应该是一个由低到高的渐进过程,至少不可能前面的文明程度超过后来的文明程度。

但是,在过去 100 多年里,随着科学技术的发展,考古手段日益科学化,人们发现了大量的史前遗址,至今无法解读这些遗物、遗址的正确含义。尤其令人惊讶的是,这些史前遗迹反映出来的文明程度、科技水平与历史学描述的发展进程及我们已知的人类文明发展史出现了巨大而明显的反差,恰恰出现了前面的文明超过后面的文明的情况。

历史学家、人类学家、科学家试图用种种已有的理论框架和技术方法去考证,去解释,如生物进化论、碳14测定、化学分析、遥感、声呐等多种手段都用上了,其结果反而出现了越来越多的未解之谜。

在被称为科学的历史学无法解释的许多现象面前,人们自然而然会重新考证神话。而这一考证,竟发现了许多与神话传说相印证的遗迹和事实。美国著名作家道格拉斯·凯尼恩(Douglas Kenyon)编撰了一本书,书名叫《被禁止的历史》,由17位相关领域的关键人物写的42篇重量级文章构成,揭示了神话和遗迹相印证的种种事实。

解读史前历史悬案的《被禁止的历史》

19世纪中期,德国考古学家海因里希·谢里曼(Heinrich.Schilemann)从古希腊史诗巨著《荷马史诗》里所隐含的模糊暗示入手,在各地寻找传说中的特洛伊城,终于在安纳托利亚的希萨尔克山发现了它的废墟。而在此之前,学术界一直认为《荷马史诗》中的特洛伊城是凭空虚构出来的。

基督教的《圣经》中有过大洪水的记载,一般人都认为这肯定是虚构的。中国也有很多关于大洪水的神话传说,华中师大教授陈建宪还专门在《民间文学论坛》1996年第3期发表了《中国洪水神话的类型与分布》一文,该文获湖北省社科成果三等奖。那么,大洪水是神话还是确有其事呢?位于中东地区的古苏美尔人在公元前4000年发明了楔形文字。根据被发现的泥板文献记载,在人类经历了一次灭顶之灾的大洪水以前,曾经存在过埃利德乌、巴布奇比拉、拉拉克、希帕尔、休尔帕克五个城市。如果认为关于大洪水的记载和传说都是虚构的,那

苏美尔人的楔形文字书版

么也一定会认为泥板文书中的记载也是荒诞不经的。但考古学家恰恰在泥板文书提供的地点上找到了大洪水以前五个城市中的三个城市遗址。

事实上,世界各地的考古发掘,留给我们太多太多的未解之谜。例如:一直被人们称为古代建筑奇迹的埃及大金字塔,就像耸立在地球上的巨大问号。位于埃及吉萨高原的三座大金字塔分别以三个法老的名字命名,分别叫孟考拉金字塔、哈夫拉金字塔和胡夫金字塔。三座金字塔周围还有三座小金字塔、司芬克斯人面狮身像和一些神殿。其中最大的胡

埃及大金字塔

夫金字塔高 146 米, 由大约 230 万块重达数吨至数十吨的巨石垒成。石块与石块之间没有任何黏合物, 但十分严密。这些大石块是怎样切割、搬运、安放上去的呢？胡夫金字塔选址在北纬 29°58′51″, 穿过大金字塔的子午线刚好将地球上大洲、大洋的面积分为平均的两半；这座金字塔的高度乘以 10 亿, 大致相当于地球到太阳的距离；它的底面积除以两倍的塔高, 刚好约等于圆周率 3.14159。难道这些都只是巧合吗？直到现在, 还没有人真正了解埃及大金字塔建于何时、为何人所建以及它的具体功能是什么。

还有, 与埃及金字塔同样神奇的中美洲墨西哥平顶金字塔以及相关的玛雅文明；位于直布罗陀海峡外大西洋中的消失的亚特兰蒂斯城；英国南部索尔兹伯里平原上的 "巨石阵"；秘鲁的纳斯卡地画；法国布列塔尼半岛上的"羽蛇城"；位于南太平洋水域神秘的复活节岛，等等。诸如此类的考古发现只告诉了我们这些地方的神奇，并不能告诉我们远古时期这些地方发生的事件。我们不仅要凭借实物考古，而且要充分利用原始的神话和传说。因为在这些流传已久的神话传说中，往往记录了比实物和文书记载更加久远的已经消失的历史真相。

第二章
仙女非凡

★**仙女的来历** 仙女下凡传说的核心是"下凡"。她们既不是从虚幻的精神世界里来的"神"，也不是从掌管各业各象的天庭里来的"官"，而是从天外飞来，又可以"衣而飞去"的具有超能力的人。

★**外星生命** 从宇宙来看，太阳只是个普通恒星，地球只不过是个普通行星。人类在宇宙中的地位，可以说是平凡到了不能再平凡的地步。从生命存在的概率和生命进化的时间来看，很可能有高智慧外星人到过地球，并从此改变地球和人类发展的历史。

1 仙女的来历

　　让我们回到仙女下凡的民间传说话题中来。

　　《搜神记》名为"搜神",实际上,干宝老先生搜索收集的不止是"神"的故事,它大体包含了"神"、"仙"、"怪"三个方面的内容。中国神话传说,从春秋战国时代起,出现了两大神话体系,一个是以"神"为主的昆仑神话传说体系,另一个是以"仙"为主的蓬莱神话传说体系。此外就是随着与神仙相联系的神怪灵异事件的流传,出现了志怪传说体系。"神—仙—怪"可以说是构成了民间传说的三个层次。

　　"毛衣女"(为了叙述方便,在以下关于毛衣女的表述之中,统称为仙女)的传说故事,按三个层次的分类介于"神话"与"仙话"之间,但实质上它应属于"神话",只不过是多增加了一些平民化、通俗化的色彩,更让人易于熟记和流传。

　　仙女下凡传说的内涵,核心是"下凡"。仙女从何而

西方神话故事仙女下凡图

来呢？这则传说讲得很清楚，仙女不是本地人，也不是外地来访者，而是从天上下来的。仙女是从另一个世界来的人。

"天"在哪里？现在，人们从一般意义上来理解，天就是广袤无垠的天空，是大地以上的无穷无尽，是浩瀚宇宙。可是古代的人们大都不这样认为。他们要么把"天"看成是虚无的、缥缈的、属于精神世界的东西，如"上苍"、"苍天"；要么把"天"看成是有形的、高于凡间层次的"天庭"或"仙界"。

前一种理解，是对"天"的崇拜。"天"是人们心中最大的神，它对人类社会的一切事情都有权干涉，有能力主宰。正如《诗经·大雅》云："上天之载，无声无臭"。又有《尚书·周书》载："天乃大命文王。殪戎殷……"皇帝年年要祭天，设"天坛"、拜"祈年殿"，还要浩浩荡荡登泰山去祭天。可见，"天"虽看不见，摸不着，但权威大得很。老百姓一有大事，就要祈祷上苍："苍天保佑。"老太太警告年轻人不要做坏事，就说："老天有眼"，"你难道不怕遭老天报应"？正因为把"天"理解为虚无缥缈和精神世界里的东西，所以谁也描画不出"天帝"的形象，甚至在北京的祈年殿里也没有塑造出"天帝"的神像，只设了一个牌位供人祭拜。

后一种理解，是把"天"理解为有"形"，有一个"天界"或者"天庭"，这就是高居在大地凡间之上的另一个国度。在这个国度里，有"君"，有"臣"，有掌管各业各象的"风神"、"雨神"、"雷神"、"火神"、"镇妖神"等。就连《西游记》大闹天宫的孙悟空，招安上了天界，也被封了个"弼马温"的官职。

　　然而,在仙女下凡的传说中,对"天"的理解没有这么复杂,甚至没有出现一个"天"字。只是笼统地描写:"皆衣毛衣","衣而飞去"。一个"衣"字,一个"飞"字,就解决了上天下地的问题。她们既不是从虚幻的精神世界里来的"神",也不是从掌管各业各象的天庭里派来的"官",而只是可以上天下地的女人。所以称之为"仙女"。这就给我们还其事实的本来面目留足了空间。

　　曾经担任过中央电视台《百家讲坛》主讲人、对仙女文化有较深研究的浙江大学教授段怀清,对仙女文化的形成和本质进行了探讨。他认为,仙女文化所倡导的是柔美的、浪漫的、自由的文化气质,肯定的是异性相慕、男欢女爱的情爱生活,追求的是自我修炼、自我追求和实现自我圆满的境界。段怀清的研究优势是在人文科学领域,他没有对仙女的出处作自然科学方面的探究。即使这样,他对仙女文化的研究也没有仅限于人文科学领域,还是提出了"仙女文化是对自然天体、对宇宙的文学想象"的观点。

　　仙女有什么来头?在科学高度发展的今天,就让我们来重新考证一下仙女产生的背景。

2 外星生命

既然是"衣而飞去"，那么，飞往何处？人们自然会想到那茫茫的星空，就像人类与生俱来的飞天梦想。人类为什么想"飞天"，浅层次的动机是好奇，想看看外面的世界；最深层次的动机，就是要寻找伙伴，寻找乐土。那么，在茫茫太空，有没有比人类智慧和科技水平高得多的外星高智慧生物也在寻找伙伴，而且寻访到了地球呢？因此，"仙女"很可能不是凭空臆想的产物，而是从遥远的外太空来到地球的高智慧外星人！仙女下凡的传说很可能不仅仅是一个神话传说故事，而是在远古时代的地球上实实在在发生的真实事件！

用现代天文学、历史学和生命科学的科技成果来考察，这样的推测是有一定科学依据的。

在夏夜晴朗的晚上，遥望星空，可见到头顶一条繁星组成的光带横贯南北，这就是大家所熟知的银河系。地球所处的太阳系只不过是银河系中的一个普通恒星系。太阳系有九个行星。它们分别是：水星、金星、地球、火星、木星、土星、天王星、海王星、冥王星。不过由于冥王星实在太小，只有月球那么大，于是 2006 年 8 月 24 日国际天文学联合会集体研究将它降格为"矮行星"。冥王星之外还有大量的小行星。太阳系中一个最远的绕日天体，是被称为赛德娜的小行星（编号

为小行星 90377
号），那里实际上是
一个冰冷的世界，距
离太阳超过 100 亿
公里，绕太阳一周需
要一万年。20 世纪
70 年代，美国发射
的"旅行者 1 号"星

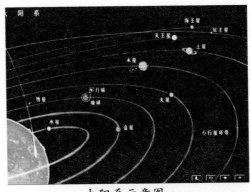

太阳系示意图

际探测器，现已经飞越了冥王星，正在脱离太阳系，向茫茫的
外太空飞去。

地球是太阳系中唯一一个适合生物生存的行星。地球之
所以适合生命繁衍，是因为地球离太阳的距离适中，不冷不
热；有大气层的保护，尤其是空气的成分中有氧气支持生命
的新陈代谢；有水作为生命细胞的成长媒介。地球有一个可
爱的卫星——月亮，其直径为 3476 公里，为地球直径的
27%，其构成成分和地球差不多，只是缺乏空气和水，所以不
适合生命生存，但不排除有生命迹象的存在。火星、金星是地
球的邻居，尽管没有像地球一样优越的生存条件，不适宜生
命繁衍，但和月亮一样我们也不能排除它们有有机物质的存
在。尤其是火星，美国的"好奇号"火星探测器，已于 2012 年
8 月 6 日成功在火星着陆。它的使命就是探寻火星上的生命
元素。而绕火星飞行的探测器已有多个且工作多时。现在已
探知火星上曾经有过河流并可能有生命的遗迹。

可是，走出太阳系看生命存在的概率，可能就会使你大吃一惊了。在银河系中，像太阳这样的恒星有 2000 亿颗，其中至少有 180 亿个行星系。假如这其中有百分之一的行星系可能存在生命，那么就有 1.8 亿颗之多。再假如这 1.8 亿个行星系中有百分之一的行星上有生物，那么也有 180 万颗。我

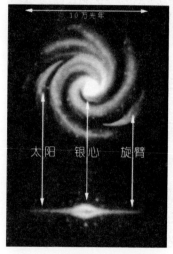

太阳在银河系中的位置

们再进一步假设，这 180 万颗可能存在生物的行星上，有百分之一的星球居住着智力水平与人类相等的生物，那么银河系中有可能存在高级生命的行星竟有 18000 颗之多。这才仅仅是一个银河系，在可探知和推知的宇宙中，这样的河外星系有 1000 亿个。可见，宇宙中存在高级生命的星球的数量恐怕高得吓人！

太阳只不过是处在银河系旋臂上的一颗普通恒星，银河系则是一个大星系团（室女星团）外的一个松散星系群的一员，甚至这个室女星系团同我们在宇宙中观测到的其他巨大星系团相比，也不过是一个毫不出众的角色而已。可以断定，人类在宇宙中的地位可以说是到了平凡得不能再平凡的地步。

因此，地球是宇宙的独生子的观点是十分幼稚的。毫无疑问，宇宙间有数不胜数的与地球类似的行星，有类似的混

合大气，有类似的引力，有类似的植物，甚至有类似的动物。况且宇宙中许多生命并不一定是以类似地球环境为条件生存的。早在公元前 4 世纪，古希腊哲学家米特罗德格斯

星团

就曾说过："认为在无边的宇宙中只有地球才有人居住的想法，就像播种谷子的土地上只长出一根独苗一样可笑。"

　　再从生命进化的时间上来推测。宇宙的年龄有多大？按照美国著名天体物理学家加莫夫和弗里德曼提出的"宇宙大爆炸"理论，从那时算起，距今也有 200 亿年了。据测知，银河系中最古老的星系年龄约为 160 亿年。太阳的年龄约为 50 亿年。地球的年龄约为 46 亿年。地球形成后，约摸过了 20 亿年，地球上的环境才适宜早期的生物生存。再经过 15 亿年，才进入两栖动物、爬行动物阶段。到出现大型爬行动物，如恐龙等，已是距今 2.5 亿年的时候了。6500 万年以前，恐龙灭绝。之后，哺乳动物成为世界的主导动物。其中，原猴等灵长类动物诞生，又经过数千万年漫长的进化，约在 3000 万年前，出现了古猿。后来，古猿朝着不同的方向进化。约在 200 万年以前，脑容量较大的一支成为猿人，而其他猿类则成为今天的猩猩、大猩猩和黑猩猩。而进入智人阶段，则仅有短短

的5万年的历史。与银河系中其他星系相比较，太阳系应当算是比较年轻的星系。例如，武仙座 M13 球状星团，有 30 万颗恒星，每颗恒星的年龄都是太阳年龄的两三倍。

参照地球生命进化的顺序和时间来推算，肯定会有比地球生命进化更早、文明程度更高的生物在某个星球上出现。

现在，越来越多的人相信，"地外文明"是存在的。他们很可能比我们地球人的进化早几十倍，甚至上百倍。今天，我们不但能够登上月球，而且还能探测整个太阳系。那么，一个比我们发达不知多少倍的文明，他们就完全有可能跨越星系来考察地球，并且很有可能从此改变地球的历史。

我们设想一下，如果比地球生物高级很多的外星生物来到地球，改造甚至创造了新的地球生物，而这个地球生物就是我们现在人类的祖先。那么，在我们人类的记忆中，不管历经的岁月是多么久远，也不管记录的载体是多么不同，一定会顽固地留下关于这段经历的模糊印象。就像现在许多民族还保留着神圣的祭祖仪式一样，祭祖一是为了感念祖上恩德，求得祖上庇佑；二是为了教育后代传承传统，将他们认为应传递下去的信息传递给后人，以使传统和信息得以代代相传。

由于时代久远和记忆模糊，这些传统和信息最后都慢慢变成了神教内容，谁也说不清它的真正来源和真正含义。对于外星生命到地球来改造或创造了我们人类的祖先并从此改写地球文明史的事情，是不是也是这样呢？

第三章
众仙聚首

★一个群体 "神仙是一个群体"。从许多神话和多处遗迹可以看出，天外来客是一个群体，他们在很多地方留下了可以互为印证的活动的痕迹。

★来自何时 从地球生物的进化史、人类起源和人类文明发展史可以探知，在距今4万年到1万年的一段时期，出现了与历史发展常规进程不可思议的反差和突变。很可能，在距今1.2万~1.7万年，是外星高智慧生物频繁光顾地球的时期。

★来自何方 西非原始部落多贡人流传着一颗星星的丰富知识，这就是猎户座天狼星。从各地神话、遗迹、古文字等信息中，天狼星似乎具有特别的意义。也许，外星高智慧生物是从天狼星来的。

1 一个群体

通观古今中外的神话传说，似乎都有一个模式，这就是一般都有一个"主神"。例如国外神话中的主神是"上帝"、"耶稣"、"法老"等等，中国神话中的"主神"是"玉皇大帝"、"盘古"、"伏羲"等等。这个主神，不但是"唯一"，而且是"万能"。这种按人类社会层级管理的思维模式构成了似乎完整而又合理的神话体系。然而，在仙女下凡的这个故事里，没有出现"主神"。你看，一群仙女中，没有指明哪一个是"头领"，只是客观地描述她们是一个群体。"田中有六七女"——并没有准确地说是六个还是七个，数量上是一个概数，它只是明白无误地表达了这是一个群体，而不是单个人。她们是有组织地到来的。这跟我们推测的她们是外星高级智慧生物来到地球的论断是多么的相接近！试想，外星人既然能够横跨星际来到遥远的地球，这是一个多么宏大而繁复的系统工程，这是一个人能够完成的吗？既然在人

玉皇大帝

类头脑中已经形成了能够世代相传下来的传说,这说明当时外星人已经对地球进行了多次、多地的造访并有所作为,这更不可能会是一个人的行动而是群体的行动。因此,仙女下凡的传说中神仙是一个群体的描述与那些只有一个至高无上的"主神"的神话传说相比,显然更接近历史的真实。

我们从世界各地的神话故事和散布在世界各地的"神的遗迹"来考察,也可以得出"神仙是一个群体"的结论。

《圣经·旧约(创世纪)》中这样写道:"神说,我们要照我们的形象,按我们的样式造人……"难道至高无上的上帝不是一个人吗?他讲话的时候为什么不用"我"而用复数"我们"呢?这很容易让我们推想到"上帝"并不是人们神话里臆造出来的"上帝",而是一群外星来的宇航员。

瑞士作家埃里希·冯·丹尼肯于 1968 年写了一本书,书名叫《众神的战车》,书中列举了经过他多年考证得出的结论,这就是,人类社会发展的历史中,有大量的证据可以证明有外星人的存在,而且他们到过地球!这本书改变了宗教界的许多人对外星人的看法,一出版便风靡全球,具有无与伦比的影响力,此书一版再版成为一段时期内最畅销的书。当然,它也受到了科学界的激烈抨击。科学家们找出了其中 238 个问号,这些问题至今饱受争议。

从世界各地众多的难以解释的远古文明遗迹中也可以看出一些外星人到过地球的痕迹。我在这里简要地列举几例:

普玛彭古遗迹 地处南美洲的安第斯山脉,在海拔 4500

米的荒漠高原上,有一片神奇的石头建筑群。走近一看,都是由巨大的花岗岩雕塑成的石头构件,有的呈长方形,有的呈圆柱状,很多是呈 H 型的构件,每块石头都超过 50 吨重,有的重达数百吨。现在这些石头构件散落得像孩子的玩具一样,看不出原来的构建原貌了。据考古专家考证,这些石头建筑群至少是在公元前 13000 年建造的。每块石头都有非常规则的几何图形,尤其是 H 型的石块,几乎每块都一样,其加工难度和精度,即使现在我们运用最先进的切割工具也很难做到。那个时候,人类文明还处于非常原始的旧石器时期,怎么可能有加工这些石块的知识和技术?这些石块不可能是手工刻凿而成。那么这些石块是用什么方法切割出来的?重达上百吨的石头又是如何搬运的? 这个建筑群又是做什么用

普玛彭古遗迹

的？这一连串的谜使人们想到，这不可能是地球人类所为，很有可能是外星人建造和留下的，而且很可能这里曾是外星人的大本营。

纳斯卡地画 在秘鲁境内有一个古城叫纳斯卡，在一个叫巴尔巴的山谷内，有一条长37英里、宽1英里的狭长平地，那里布满了宽2~3米、深7~60厘米、长短不一的沟道线条，就像一条条的阴刻线。另外，还有一些由突出于地面的石垒构成的线条。从地面上看不出什么，但从空中看过去，它们竟是巨大的几何图形，有些是平行四边形、三角形、梯形、半圆形等，有些是秃鹰、蜂鸟、蜥蜴、章鱼、花朵等图案。线条长几十米、几百米，最长的有两三千米。这些线条铺设的年代至今没有确定，但被科学家考证这些线条是按天文图铺设的，而且只有在空中才能看到这些图像。只有拥有高度发达的测量仪器和计算仪器的人才能制作这些图线。于是人们自然想到这是为外星人而设置的地标线。

提亚瓦纳科城太阳门 在地处玻利维亚层峦叠嶂的安第斯山高原上，有一个名叫提亚瓦纳科的文化遗址。位于遗址的西北角，有一个堪称南美大陆最负盛名的文明古迹——太阳门。太阳门，是由一整块

纳斯卡地画

重达百吨以上的巨石雕刻而成，它高 3.048 米，宽 5 米，中间凿了一个门洞。门楣上方的中央雕刻有一个放射出光芒的神秘人头像，代表飞神。左右两旁刻有四十八个较小的神像和符号，排成三行。1949 年，前苏联的几位学者成功地破译了上面的部分象形文字，发现它是一个天文历，只不过它不是一年 365 天，而是 290 天，即在一年中的 12 个月里，10 个月 24 天，2 个月 25 天。这样的历法有什么用呢？于是有人推测这个文明来自外星世界，太阳门是太空之门。

南美提亚瓦纳科太阳门

英国"巨石阵" 在英国南部的索尔兹伯里平原上，有一群排列得相当整齐的巨大石块，这便是神秘的斯通亨治"巨石阵"。巨石阵的主体是一根根排成一圈的巨大石柱。每根石柱高约 4 米，宽约 2 米，厚约 1 米，重约 25 吨，其中两根最重的有 50 吨。在不少石柱的顶端，又横架起一些石梁，成拱门状。整个马蹄形排列的巨石阵的中心线上，开口正好对着仲夏日出的方向。据英国考古学家考证，巨石阵建造时间距今已超过 5000 多年。英国天文学家霍金斯根据巨石的排列和其中所蕴含的信息，认为它标明了太阳和月亮的 12 个方位，可以预告月食和日食。科学家认为,巨石阵是在已经了解太阳系构造的基础上建造的。有人猜测:难道是外星人在遥远的史前时代就光顾了英格兰?

英国巨石阵

印度圣殿遗迹 在印度南部威迦耶纳噶有一座圣殿遗迹,叫"胜利之城"。建于 14 世纪,但传说远比这古老得多。它记载了 15000 年前神的传说。神话英雄叫"Mamuni Mayan",他造就了"佛与人联结的城市"。神殿中供有"佛祖真身",但围绕在他身旁和之后的雕塑中有飞行器的形状和光团。整个庙宇的形状也像一个飞行器。据传闻它能与宇宙元素相衔接,是一个可以融合地球和宇宙空间能量的建筑物。

印度宗教中的守护神像

科潘的玛雅文明 在美国中部的洪都拉斯,坐落着科潘遗址,它就是令人费解的玛雅文化的中心。在被掩盖得严严实实的丛林中,人们发现了 40 多座城市废墟。其中有平顶金字塔祭坛、浮雕、石碑等众多杰出的建筑遗迹。在发掘中,人们发现玛雅人拥有令人难以置信的"发达科技",如系统的数学理论、精确的天文计算等等。他们设计了三个不同的历法系统:卓尔金星历(宗教用历法),哈布历(民用历法)和万年历。他们说"卓尔金星"上的一年是 260 天,火星上的一年是 528 天。他们准确地计算出地球上的一年是 365.2420 天, 与现在天文学家精确计算出来的地球年 365.2422 天仅仅相差 0.0002 天! 而且这些建筑物所包含的奇迹般的科技和文化似乎没有经过一个由低到高逐渐发展的过程,好像是在一夜之间从天而降,骤然间涌现了各种超越时代的辉煌成就。这就使人联想到很可能是外星人来到这里帮助他们获得了这些知识。

科潘金字塔祭坛

鄱阳湖落星墩 地处江西北部美丽富饶、碧波万顷的鄱阳湖,是中国第一大淡水湖。在湖的北部有一片神奇的水域,自古至今,沉船事故不断发生。据史书记载,远古时期"有异星陨落于此"。几千年来,这里不知吞噬了多少人的生命,夺去了多少宝贵的财富,被人们称为鄱阳湖的"魔鬼三角"。更令人惊诧的是,沉没的船只没有一条被打捞上来,其中包括 1945 年 4 月 16 日侵华日军一艘 2000 吨的运输船"神丸

鄱阳湖落星墩

鄱阳湖老爷庙

号",当时该船载满了从中国掠夺的金银财宝和陶瓷古玩。那些人和物品都神秘失踪,不知沉到哪里去了。人们认为这种现象一定与天外"落星"有关。于是把附近的一座山叫做落星墩,在山腰建了一座象征外星人飞行器的三角形的"老爷庙",以祈求神灵保佑。至今"落星墩"的神秘面纱尚未揭开,于是人们猜测:也许这片水底曾经陨落的是失事的外星人太空船,那残留的特殊材料和特殊能源像磁场一样,会吸引靠近的某些物品葬身水底?

此外,还有法国拉斯科克斯与天文学密不可分的洞穴壁画,经测定是公元前1万多年前的产物;南撒哈拉沙漠中发现了公元前 4500 年的纳布塔巨石阵，该阵完全按星座排列而成；还有公元前 8300 年的以色列杰里科和公元前 7000 年的土耳其安托海雅克等古代城市遗迹，等等。

种种迹象表明，从天而降的"神仙"，他们不是古人虚构的"神人"、"天帝"，而是具有高智慧、掌握高科技的外星人。他们不是分散的个体，他们是一个群体。

② 来自何时

那么，人们要问，"神仙"是什么时候来到地球的呢？

纵观地球生物的进化史，我们知道，从地球诞生到距今25亿年前，地球上的生命刚刚孕育，原始细菌开始繁衍发展，这段时期称为太古代。从距今24亿年至6亿年前，海洋中的藻类和无脊椎动物开始出现，这段时期称为元古代。距今6亿年至2.5亿年前，鱼类、两栖类、爬行类动物开始出现，这段时期称为古生代。距今2.5亿至0.7亿年前，是爬行动物为主的时代，是恐龙的鼎盛时期，同时原始的哺乳动物和鸟类也开始出现，这段时期称为中生代。到距今1亿年以后，进入新生代，哺乳动物大量繁殖，占据地球生物的统治地位。这就是地球生物的五时期分类说。

纵观人类起源和发展史，我们又可以知道，人类是古猿中的一支——南方古猿演化而来。根据化石发现，现在一般将人类脱离古猿后的发展历史分为三个阶段：第一阶段是猿人阶段，生活在距今300万到30万年之间。第二

晚期智人

阶段是古人阶段，或称早期智人，生活在距今 20 万到 5 万年之间。第三阶段为新人阶段，又称晚期智人阶段，生活在距今 5 万年至 1 万年以前。以后，人类便进入了现代人的发展阶段。大约在公元前 4000 年，人类有了文字，走出了蒙昧的阴影，迎来了文明的曙光。

以上就是由历史学家、考古学家、生物学家、哲学家共同构建起来的历史发展体系。

然而，在这套看似严谨的历史发展体系中，距今 4 万年以前至公元前 4000 年这段历史是怎样发展的，从来没有人能够系统地表述。因为在公元前 4000 年以前，人类历史没有文字记载。自文字产生以后到今天约 6000 年的人类文明史的脉络应该是比较清晰的，也有大量的文物古迹可以证明。那么，在 6000 年以前的人类是什么样子呢？没有任何文字记载。按文明发展由低到高的规律，那时候的文明应该是比有了文字记载以后的文明程度要低。但问题就出在这里：从众多考古发现的史前遗址、遗物来看，有些竟然表现出早期比晚期的文明程度要高！这就与传统的史学观点形成了相当大的反差和冲突。在不可思议的距今 4 万年前到公元前 4000年之间，究竟发生了什么事情呢？

很可能，这段时期，就是外星高智慧生物光临地球的时期。

1935 年，科学家发现在西藏的深山中生活着两个原始部落。一个是朱洛巴人，另一个是康巴人。科学家对这两个小矮人部落进行考察时发现，朱洛巴人和康巴人都认为他们的

家乡不在地球，而是来
自遥远的星空。如今两
个部落还是以狩猎和放
牧为主。在离他们住处
不远的地方，有几个视
为圣地的山洞，千万年
来从没有人进去看看洞
里面的情况。科学家们

距今一万年前的岩画

进入山洞，令他们惊奇的是，洞中有数百具人体骷髅。骷髅的
身高都不足 1 米，但是头盖骨却特别发达，估计其脑容量在
2500 毫升左右。根据碳 14 测定，骷髅的年代都有 12000 年
左右。洞中的岩壁上还画满了壁画，画有太阳、月亮，而且准
确地标明了数十个星球的位置，上方还有一小队飞船对着地
球山脉斜飞来的情景。

科学家在洞中还发现了 716 个类似唱片的石头园盘，上
面刻满了陌生的细密文字。考古学家经过 20 多年的破译，著

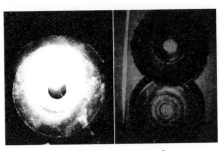

西藏朱洛巴人石盘

名考古学家储鸿儒教授
发表了《根据石头园盘上
所刻的环形文字，1.2 万
年前曾有宇宙飞船到过
地球》的论文。论文援引
破译出来的文字说："我
们的飞船发生故障，无法

修复,制造另一艘飞船又不可能",“在蛇谷的红岩上,我们的飞船撞上了附近的岩壁,头部被撞坏了"。康巴人和朱洛巴人不得不永远留在地球上。他还论证,随着时间的推移,朱洛巴人和康巴人的生理发生退化。文明程度也随之降低,慢慢地沦为不开化的部落。

在这里的山洞里,考古学家还发现了一些金属残片,通过金属残片的腐蚀程度断定,它们已有 12000 年的历史。而在西藏,使用金属是公元纪年以后的事情。

考古学家先后对南美洲安第斯山上的普玛彭古遗迹、墨西哥的特奥蒂瓦坎古城遗迹、库斯科的石墙遗迹进行年代测定,得出的结论是建造年代在距今 12000 年至 17000 之间。

《众神的战车》作者埃里希·冯·丹尼肯在书中这样说道:“有关人类的过去,必须竖立新的里程碑,凡有可能者,必须标明一系列的日期。……我也无法说出何年何月宇宙中的未知文明便开始影响我们彼此尚年轻的文明,但我冒昧地怀疑目前流行的有关远古的年代。我有相当的理由敢提出,我所关心的事件发生在石器早期,即在公元前 1 万年至 4 万年之间。”

这样看来,外星人造访地球的时间,应该推定为距今 1 万年至 4 万年这一时期。准确一点说,外星人最频繁光顾地球的时期应该在距今 1.5 万年左右。

3 来自何方

　　这群给人类历史留下辉煌遗迹、带来巨大影响的"神仙"——外星人究竟从哪个星球来的呢？这个问题看起来难以回答,但我们从神话、遗迹、古文字等信息中,还是可以比较清楚地揣度到他们的家乡——他们来自银河系猎户座天狼星系的某一颗行星上。

　　20 世纪 20 年代,法国人类学家格里奥和狄德伦在西非的多贡部落发现了一个神秘的现象:

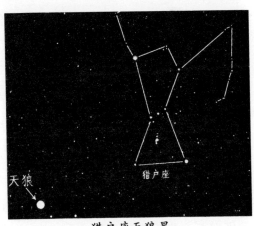

猎户座天狼星

多贡人口头流传了 400 多年的宗教教义中,蕴藏着关于一颗星星的丰富知识。那颗星就是天狼星。

　　天狼星过去常被称为天狗星,位于猎户座,距离地球 8.7 光年(1 光年=9.46 万亿公里)。它是一颗一等亮度的恒星,亮度是太阳的 2.5 倍,质量为太阳的 2.1 倍。在古罗马的时候,每年 7 月当天狗星首次从晨曦中的地平线出现时,人们总要为它献上红毛的狗作为祭品,他们认为这颗星是红色的。在公元前 1000 多年以前的巴比伦人也用他们的楔形文字记录下这颗星的颜色是红色的。然而，到公元 10 世纪，在阿拉伯天文学家阿尔·苏菲所作的星表中，天狼星并没有列入红色星一类。所以天狼星在这大约 2000 多年之间改变了颜色。到了 19 世纪，天文学家又发现了天狼星原来是一颗双星，它有一颗伴星，称之为天狼星 B。因为天狼星 B 太暗，我们用肉眼根本看不到它。

然而奇怪的是，西非的多贡部落人在 16 世纪之前就熟知它的存在。多贡人把天狼伴星叫做"朴托鲁"。在他们的语言中，"朴"是细小的种子，"托鲁"是指星星。他们认为这是一颗"细而重的星"，而且是白色的。这就是说，他们已经正确地说明了这颗星的三种基本特性：小、重、白。实际上，天狼星 B 正是一颗白矮星，它的质量同太阳差不多，其直径却只有太阳的 1/119。天文学家到 1928 年才借助高倍望远镜和其他天文观测仪器认识到它是一颗体积很小而密度很大的白矮星。

白矮星是银河系中的普遍现象。2012 年 12 月，天文学家借助开普勒太空望远镜观测分析结果表明，银河系中的恒星几乎都有一颗以上的行星围绕它运转，而银河系中的恒星约有 70% 是白矮星。据太空望远镜对白矮星"开普勒-32"的观察，发现它有一颗围绕它运转的行星。

多贡部落是居住在西非的尼日尔河流域的黑人土著民族，他们以耕种和游牧为生，大多数人还居住在山洞里。他们没有文字，只凭口授来传授知识，同西非其他土著民族没有什么两样。他们是怎样获得有关这颗星球的知识的呢？

多贡人认为,天狼伴星是神所创造的第一颗星,是整个宇宙的轴心。他们还能够在沙地上准确地画出天狼伴星围绕天狼星运行的椭圆形轨迹,与天文

天狼星

学的精确绘图极为相似。多贡人说,天狼伴星轨道周期为 50 年(实际正确数字为 49.9 年),其本身绕自转轴自转。

他们还认为,天狼星系还有第三颗星,而且有一颗行星环绕它运行,这颗行星叫做"恩美雅"。不过直到现在,天文学家们还未发现"恩美雅"。

不仅如此,多贡人还早就知道太阳系有多个行星绕太阳运行,土星上有光环,木星有 4 个主要卫星。他们有四种纪年和记时的方法,分别以太阳、月亮、天狼星和金星为依据。

据多贡人说,他们的天文学知识是在古代时,由天狼星系的"朴托鲁"人到地球上来传授给他们的,他们把从"朴托鲁"来的人称为"诺母"。在多贡人的传说中,"诺母"是从东北方某处来到地球的。他们所乘坐的飞行器盘旋而降,发出巨大的响声并掀起大风,降落后在地面上划出深痕。在多贡人的图画和舞蹈中,都保留着有关"诺母"的传说。

为了叙述的方便和命名的规范化,我们把天狼星命名为天狼星 A,把天狼伴星命名为天狼星 B,把天狼星系第三颗星命名为天狼星 C。如果他们有行星, 则分别命名为天狼 A1

星、A2 星、A3 星，天狼 B1 星、B2 星、B3 星，天狼 C1 星、C2 星、C3 星……

为什么天狼星的颜色会发生变化？其实，天狼星 A 处在主星序期，它的颜色是没有发生变化的。颜色变化的原因有可能是天狼星 B 在变成白矮星之前，有一段突然爆发变为红巨星的阶段，平时用肉眼看不到天狼星 B，但是这时它的红光和天狼星 A 的白光混合在一起，使古代人们所看到的天狼星的颜色是红色的。红巨星爆发过后，人们所看到的天狼星还是白光。

我们知道，神奇的玛雅文化中最神奇之处是玛雅人具有十分丰富的天文学知识，他们有最精准的历法。他们观察星座，预测日食、月食的手段非常先进。在他们的楔形文字记载中，也表明了他们的天文知识是从星体而来，是从猎户座的那个地方而来。地处危地马拉的蒂卡尔金字塔神庙和地处墨西哥的特奥蒂瓦坎金字塔的排列，都是按猎户座星系的形状排列的。

我们还有许多事例可以说明天狼星的特殊意义。如埃及的三个最大的金字塔排列，同猎户座的三个星星的排列是一个模样。英国的巨石阵被认为是猎户座的复制品。

在埃及神话中，神（netyro）这个词的意思是"来自宇宙的生物"。他们认为，奥里西斯（Osiris）代表猎户座，它是星星的温床。伊西斯（Isis）是来自天狼星的神。他们坚信，法老是伊西斯的儿子，是神派来统治人类的活神仙。埃及人在公元前4221 年前就有了精确的历法，而这个历法是以天狼星为基础

的，并计算出了其后 32000
年内每年的周期。

就连前苏联宇航委员
会和美国宇航局(NASA)也
对猎户座天狼星这样的星
星特别重视。前苏联 1971
年 4 月 19 日发射的第一个

埃及法老

空间站"礼炮号"，上面安装了人类第一台可以在大气层外做天
文观测的天文望远镜，这个望远镜就被命名为"猎户星座"。美
国宇航局 1977 年 8 月 20 日发射的"旅行者 2 号"飞船，在完成
了探测四颗类木行星的任务后，目标就是奔赴天狼星，试图在
那里步入"神仙"的殿堂。美国宇航局经常使用的一个标志性的
符号"A"，中间标有三颗星的符号，就是象征猎户座腰带上的
三颗星星。

因此，我们有理由推知，天上的"神仙"是从天狼星来的。
而且，他们很有可能并不是来自于这个星系中最亮的天狼星
A，而是亮度居第二但年龄更大的天狼星 B。围绕天狼星 B 有
5~6 颗行星运转，其中一颗行星上就生存着高智慧生物。我
们姑且把这颗有高智慧生物生存的行星叫做天狼 B3 星（天
狼星 B 的第 3 颗行星）。天狼 B3 星人才是我们祖先最大的
"神"。世界各地的许多神圣建筑，有的是标明他们出处的方
位标志，有的是为纪念他们而建的祭坛庙宇，有的则可能是
用于空中导航的指引性地标。

第四章
七彩羽衣

★**路途漫漫** 浩瀚宇宙辽阔无边,星际之间的距离动辄以光年计算。银河系中如果有高智慧生物来到地球,距离一定非常遥远,更不要说河外星系。

★**乘行工具** 在中外神话传说故事中,有许多关于"喷火的龙"、"战神之车"、"飞毯"、"羽衣"的记载。外星人超能的飞行器,可能就是仙女身上披的那件七彩羽衣的秘密。

★**见证飞碟** 人类多次、多地发现 UFO 的行踪,UFO 的存在已经是不容忽视的现象。UFO 就是外星高智慧生物往来于星际之间的交通工具,它也许就是当年七彩羽衣的现代版。

1 路途漫漫

　　大自然的宏伟壮观,莫过于晴朗的夜晚那布满星辰的苍穹了。夜空肃穆而永恒,镶嵌着引出无数古代神话和传奇的星宿,勾起我们无限的遐想。我们多想像走亲戚或邻居串门一样到其他星球上去走一走,看一看。可是,你知道星际之间的距离是多么遥远吗?

　　先从我们所处的太阳家族说起。太阳系如果以冥王星为边界的话(实际上远不止于此),它的半径有 60 亿公里。而地球离太阳的距离是 1.44 亿公里。与地球相邻的几个行星到太阳的距离分别是:水星 5900 万公里,金星 1.04 亿公里,火星 2.2 亿公里,木星 7.5 亿公里,土星 13.74 亿公里。由于各大行星都在围绕太阳运行,因此这些行星与地球的直线距离是动态的。但不管运行到什么位置,人类要想到这些近邻去旅行,行程都要在数亿公里以上。

　　把眼光放到太阳系所处的银

浩瀚的星空

河系。银河是由许多密集的恒星所组成,我们肉眼看到的是一条明亮的光带。太阳系处在银河系一条旋臂的稍靠外一侧。银河系有多大呢？天文学家已测得银河系主体部分银盘的直径就有 8.5 万光年,银盘外面是银晕,银晕的直径约 9.8 万光年。银晕的外面是银冕,银冕可延伸到离银河中心 32.6 万光年处!

把眼光再延伸。银河系之外的宇宙空间的主体我们统称为河外星系。河外星系之间的距离往往数倍乃至数十倍于它们本身的大小,河外星系的形状千姿百态,就像宇宙海洋中的一个个岛屿。但是它们之间的距离十分遥远,就拿与银河系相邻的大麦哲伦星系、小麦哲伦星系、仙女座大星云 M31 来说, 任何一颗恒星到地球的平均距离都在 200 万光年以上。根据哈勃天文望远镜观察的结果,已知最远的河外星系团离太阳系竟有 100 多亿光年之遥!

流星

举几个具体的例子说明。太阳系外,离我们最近的一颗恒星是半人马座 α 星,俗称比邻星。就是这样一个近邻,和我们的距离是 4.22 光年。即每秒 30 万公里速度传播的光,从比邻星到达地球都要跑 4.22 年。天苑四恒星距离地球 10 光年。红矮星格雷司 581 离地球 20 光年（这颗星有一颗行星叫柏勒罗丰，1990 年发现它与地球环境相似，很可能存在高级生物）。英仙座 B 星距地球 100 光年。

　　试想，如果这些星系中有第二、第三甚至第 n 个"太阳系"，那么，那里的高智慧生物要来到地球这个地方，对他们来说，是多么遥远的一段路程啊！他们是乘行什么交通工具，经过漫漫长路，来到地球的呢？

2 乘行工具

在远古时代，经过数百万年从古猿、类人猿、猿人漫长进化而来的晚期智人，当时处于住洞穴、猎野兽、采野果的蒙昧时期。有一天，忽然看见威力无比而又形状怪异的东西从天而降，从里面走出从未见过的怪物，眼前的情景远远超出了他们所能想象和理解的范围，他们只能认为这是"神仙降临"。

在世界各地许多史前遗址的石雕上，有不少"神"的形象是戴着头盔、罩着眼罩、穿着厚重的服装、身旁环绕着许多管线的，这分明就是宇航员坐在座舱中的模样。在玛雅人遗址科潘的石墙上，就雕刻着这样的人像，还有飞龙等。在中外神话传说故事中，有许多关于"鸟人"、"飞毯"、"羽衣"的记载。从那些远古时期留传下来的神话传说、历史遗迹、文字记载中，我们可以看到天外来客所乘飞行工具的痕迹。

玛雅人遗址中的古代石雕，图中人物被认为是宇航员

在中国古代神话中，速度最快、威力最大的是"龙"。而在对龙

的描绘中，大多是能够喷火的，腾云驾雾的，上天入地的。《山海经》中有这样的描述："其状如黄囊，赤如丹火，六足四翼，浑郭无面目，是识歌舞，实为帝江也。"这是

酷似宇航员的石雕像

不是对天外来客的飞行器的最早描述呢？

古印度史诗《摩诃婆罗多》是一部古老而经典的神话叙事诗。据考证，这部史诗的核心部分所描述的至少有 5000 年的历史。其中在《拉马雅纳》中有这样的描述："维马纳斯（飞行的机器）在水银和风力的推动下，在高空巡游。它前飞，上飞和下飞……" 印度学者 N·德特在 1891 年翻译了这部史诗，他写道："富丽堂皇的飞车在一根巨大的光柱上飞行，光柱亮如阳光，它冉冉上升，升上云烟缭绕的高山，发出巨大的响声……" 史诗中对这种神奇的飞车描绘得如此具体逼真、机动灵活，如果最初的来源不是亲眼

战神之车

所见，后人是无法想象出这些情景的。在印度神话中，有多处出现"维曼拿"(Vimanas)一词，"维曼拿"就是"母船"的意思，它是一种神通无比的交通工具。在印度南部的甘吉布勒姆的多处神庙中，有一种叫"战神之车"的浮雕，形状为有棱的圆塔形，顶部有盖。1943年，迈索尔市图书馆从一座倒塌的庙宇地下室中，发现了一份记载有"战神之车"性能的梵文木简稿件。从这份稿件中，可知这种"战神之车"是一种多重结构的飞船，它的飞行速度若换算成现代计算单位为5700公里/小时。距今2000多年前的文稿怎么会有这样的记载呢？

比这更早的文字记载可以追溯到埃及法老的时代，即公元前1504年。法老赛莫斯三世在位之时，史官在生命之宫的史册上记录了这样一桩事件："二十二年冬季第二月六时……天上飞来一个火环。它无头，喷出恶臭。火环长一杆，宽一杆，无声无息……火环向南天高升……法老焚香祷告，祈求平安。"在死海附近发现的《阿布拉罕和摩西的经外书》中，一再提到"带轮了的喷火天车"。

《圣经》除了有基督教教义的成分外，在很大程度上是在叙述远古历史。《圣经·以西结书》是这样描绘"上帝"降临的情景的："当三十年四月初五日，以西结在迦巴鲁河边，见狂风从北方刮来，随着有一朵闪烁着火的大云，周围有光辉。从其中的火内出现闪光的精金，发出轰轰的响声，掀起滚滚沙尘……"在《圣经》里，"上帝"不是被认为是万能的吗？难道他不能随心所欲、悄无声息地出现，而要弄出这么大的动静？这样看来,"神仙"也不是万能的,他们从甲地到乙地,也是需要交通工具的。

让我们再来看看以西结的目击记:"……又从其中显出四个活物的形象来。我正观看活物的时候,见活物的身旁有一轮在地上。轮的形状和颜色像水苍玉,四轮都是一个样式,好像轮中套轮。轮行走的时候,向四方都能直行,并不掉转。至于轮辋,高而可畏。四个轮辋周围满有眼睛。活物从地上升,轮也都上升。"这段记载,生动而具体,分明就是几千年以后我们现在所描绘的"飞碟"的形象!

中国最早出现外星人飞行器的是在西部贺兰山的岩画中,在那些记载氏族公社生活的画面上,可以看到头戴圆形头盔、身穿密封宇航服的人形图像,与现代宇航员的形象极其相似。更令人惊奇的是,贺兰山南端、宁夏冲沟东的一幅岩画。画面右上方有两个旋转的圆盘,在圆盘下的人和动物都在惊恐地逃散。这可能是外星人在贺兰山一带出现的生动写照。

沈括是北宋时

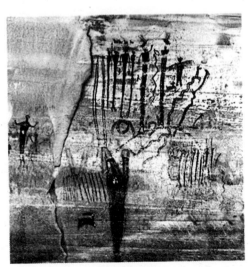

贺兰山岩画

期的一位科学家,他在《梦溪笔谈》中记载了这样一件事:"嘉佑中,扬州一蚌甚大,初见于天长县陂泽中……倏然远去,其行如飞,浮于波中,杳杳如日。"他记载的这个"其行如飞"、"倏然远去"的有半席之大的蚌状物体,不是飞碟又是什么呢?以沈括作为一位科学家的身份来记叙这件事,该不会是虚构吧。

圣经故事还有一处涉及了飞行器的动力能源。在《出埃及记》第二十五章第十节里,摩西(上帝的使者)准确地传达了"上帝"造约柜的指示,并详细告知了运送约柜应穿什么衣服、什么鞋。当大卫命令乌撒赶着装着约柜的车子经过一个颠簸的地方时,乌撒扶了一下约柜。可他忽然就像遭到雷击一样,立刻轰然倒地身亡!毫无疑问,约柜是有电的,而且是高压电!这使我们猜测,约柜里装的是能源,飞行器的动力可能是高速粒子流,或者是电磁辐射流,以此形成飞行器的推进力。

这个令人毛骨悚然的飞行器,可能就是神话传说中仙女身上披的那件美丽的七彩羽衣。

③ 见证飞碟

　　UFO，是英文"Unidentified Flying Object"的缩写，中文意思为"不明飞行物"，也称"飞碟"。实际上，地球上千千万万的人很早就见过空中的这种不明飞行物，包括如前面所述的历史记载。但 UFO 真正引起世界轰动，是从 1947 年 6 月 24 日美国人肯尼斯·阿诺德的遭遇开始的。

　　阿诺德是美国爱达荷州波希市一家消防设备公司的老板兼民用飞机驾驶员。那天下午两点，他驾机从华盛顿的麦哈里斯机场起飞，在莱尼尔峰上空 3500 米的高度飞行时，忽然发现飞机侧方有一道耀眼的闪光。他看见 9 个闪闪发光的圆盘形物体排成两列梯队，正从贝克山方向往南飞来。当它们从飞机前方飞过时，阿诺德测算了一下它们的速度，约为 1900 公里/小时，是当时一般飞机时速的 3 倍。阿诺德回来后向前来采访

飞机上方的飞碟

的记者描述说，这些飞行物"像馅饼碟一样扁平，它们能够不规则地转向飞行，就像碟子掠过水面"。这条新闻成为当天美国报纸的头条新闻，"飞碟"的名词也在全世界不胫而走。

其实，有关见证 UFO 的报道很多，而且还有很多从未向外界披露。

1958 年 1 月初，一艘巴西的水文船"索丹纳海军上将"号出勤特里尼达岛归来，正准备驶入巴西时，船的上空出现了一个金属圆盘，船上的 50 多人全看见了它。摄影记者阿尔米洛·巴罗纳抓拍到了 5 张照片，并很快洗印出来。为了避免相片有假，按照该船船长的命令，船上的两名船员监督了洗印的全过程。仔细地研究过照片之后，巴西的海军专家认定这些照片是真实的。

1962 年 9 月，坐落在亚马逊河最大支流之一的尼格罗

目击飞碟

河畔的巴塞鲁斯地方官员接到当地多起目击 UFO 的报告。就在同一时期,还有郊区的农民报告说,他们的许多牲畜,包括猪和牛失踪了。

1963 年 10 月 31 日, 正在巴西桑多斯村附近派洛巴洽河上捕鱼的数十位当地居民, 看到一个银色的 UFO 从空中降落,形状就像洗衣盆。它一边左右摇摆,一边潜入河中。这个 UFO 的直径约有 7~8 米。他们以为这是某种特殊结构的飞机失事坠落河中,连忙报告。军方的救援人员抵达事件的发生地点,用上了金属探测器和声呐仪等设备,结果什么也没有找到。

1967 年 11 月 6 日,德国电视台播出了"拉夫汉萨"飞机机长和 4 名机组人员的一段亲身经历。说的是 1967 年 2 月 15 日,他们驾机准备在三藩市着陆,突然看见自己的飞机附近有个飞行物,其直径约有 20 多米,发着耀眼的亮光,跟随飞机飞行了一段时间。他们将所见情况向科罗拉多大学作了报告,该大学找不到恰当的解释,便说是以前发射的火箭残片,正落向地面。可他们怎么也不相信一块下落的金属能够在空中停留几刻钟之久。

1967 年 11 月 21 日,慕尼黑的《南德意志报》刊登了这样一则新闻:近日来,欧洲南部许多地区都发现了不明飞行物。一位天文学爱好者在阿格拉姆一连拍下的三张闪闪发光的天体物的照片。那段时间,伊万格勒的居民每天晚上都能见到天空出现异常明亮的物体。当局证实,这段时间该地区

飞碟

出现了数起森林火灾,起火原因有可能和不明飞行物有关。

　　1978 年 12 月 30 日黄昏, 澳大利亚墨尔本电视台的福加迪等 3 名摄影记者,乘一架货运飞机沿新西兰的惠灵顿至基督城之间的航线飞行。31 日凌晨 2 时 15 分,他们飞临新西兰南岛以东上空时,摄影记者们看到了一个"底部明亮、上面有某种透明圆盖"的物体,在距飞机 16 千米处。摄影记者连忙打开摄影机,为它拍摄下 2300 个 16 毫米胶片。这个物体后来飞到前面、左面,最后疾飞而去。当时地面雷达也证实了飞机附近有不明飞行物。这些胶片后来都送交美国海军光学物理学家麦凯比分析。麦凯比用电脑处理了胶片,并进行了认真研究。他估计这个不明飞行物直径在 20~30 米之间,亮度相当于 10 万瓦白炽灯的灯光。在做 8 字形翻滚飞行时,速度约达 2500 千米/小时。这是人类首次成功地拍下 UFO 的影片,并做了现场录音和雷达追踪。

在中国也有不少 UFO 的目击事件。1979 年 9 月 20 日前后的一个晚上,深夜 1 时许,位于新疆北部某农场的天空出现了一个橘红色飞行物。它是一个技术员偶然发现的,他清楚地看见这个飞行物状如满月,边缘整齐,比月亮稍小,它在空中停留了三分钟左右,就突然消失在地平线上。由于它无声无息,形状也不像飞机,所以它不可能是飞机。当时刮的是西南风,因此也不可能是逆风飞行的气球。这个农场与塔克拉玛干大沙漠仅有几十公里的距离。在戈壁周围的阿尔泰、奇台地区,人们都曾多次发现不明飞行物。

有一次 UFO 事件引起了更大范围的关注。1981 年 7 月 24 日晚 10 点 40 分左右,中国的西南、西北、华中、华南广大

天安门前飞碟

地区数千万群众都目睹了一次 UFO 飞临上空。目击报告称，不明飞行物犹如一个闪烁着蓝白相间的光环，光环中心呈现鲜明的蓝白色。使用望远镜的目击者说，UFO 核部呈碟状，甚至发现有一排窗口。还有约二十份报告说，"7·24"UFO 在运行过程中曾有过悬停或转向、变速的运动。四川省甘孜州科委在 1981 年 7 月 27 日上报国家科委的第十期工作简报中报告："7·24"不明飞行物出现之前，该州蒙县电厂无故停电，变压器、地震前兆仪无故损坏。据中国 UFO 研究协会(CURO)统计，这次事件先后被包括新华社、《人民日报》在内的 38 家新闻单位报道。他们收到目击报告 1000 多份，目击者分布多个行业，遍布 13 个省 205 个县市。

UFO 是否真的存在？尽管有相当一部分科学家和其他人士认为所谓"UFO"是不存在的，都是各种现象的假象和臆断。但也有相当多的科学界人士甚至军政界人士认为，从许许多多现实的、历史的、外国的、中国的目击记录、历史文献与研究考察来看，UFO 是存在的。美国空军对 17 年的资料照片做了调查，发表了《蓝皮书调查计划》(1952—1969)，参加调查的 37 名专家花了两年时间，对 12618 件目击案件进行严格的科学鉴别，发现其中有大约 80%的照片应该不是 U-FO，但有其中 20%的目击案件无法解释。因此不能否定它们的真实性。美国前总统卡特在 1969 年当时还是参议员时就曾亲眼看见"月亮样的 UFO 飞行了 10 分钟"。他填写了《美国空中现象调查委员会飞碟目击报告》，存档编号为 301–

949-1267号。当了总统后,他还说:"我深信飞碟确实存在。"
美国另一位前总统罗纳德·里根甚至说:"来自其他星球人的
攻击,应是我们最严重的危险之一。"他的这一言论,引导了
美国科幻影片的走向,难怪美国科幻电影中有那么多外星人
入侵地球的情节,又是那样的恐怖!

美国科幻影片《星球大战》

对UFO的探索和研究,正在形成一门崭新的学科,它涉
及天体演化、生命起源、物质结构三大前沿科学和几乎所有
的基础科学。已出版的关于UFO的专著约有350种,各种
UFO期刊近百种。全球有一大批专家参加到UFO的探索工
作中来,有的科学家为此付出了毕生的心血。有人还总结出
了UFO造访地球的活动规律。一些科学家相信,UFO就是外
星智能生物往来于星际的交通工具。UFO,应该就是当年仙
女七彩羽衣的现代版。

第五章
水中沐浴

★**亲水由来** 生物的进化与水有密不可分的联系。人类的亲水属性可谓由来已久。人类的生存发展一刻也离不开水，外星人也酷爱水吗？

★**水下遗迹** 沉没的亚特兰蒂斯城，传说中的"大西国人"生活的地方，消失已久的穆文明遗迹……这一系列水底远古文明的奥秘，等待着人们去揭开谜底。

★**水中基地** 神秘的百慕大三角海区，已使多少舰船、飞机神秘消失。这里也是不明飞行物出现最为频繁的地区。百慕大三角区的海底可能就是外星人在地球上建立的基地总部。

1 亲水由来

　　仙女下凡的故事中,仙女们的目的地是在水中。她们为什么不在陆地而在水中呢? 这也是有渊源的。

　　从太空看地球,它就是一个由水包裹的球体。地球表面积 5.1 亿平方公里,其中陆地面积只占 29.2%,而海洋面积占了 70.8%,从这个意义上来说,地球不是"地球"而是"水球"。据联合国统计资料显示,地球上总共有 13.86 亿立方千米的水。地球上的水从哪里而来? 根据地球形成和演化史,地球表面最早是没有水的,但它大量地存在于形成地球的星云物质中,在它形成固体球体的过程中,水从地球内部被挤压释放出来。这个过程由快到慢,直到现在还有水缓慢地从地壳岩浆深处随着火山爆发等形式挤压或释放出来。但与此同时,从地面蒸发到大气中的水蒸气分子,一大部分会变成雨雪落回地面,但是也有一小部分会在太阳紫外线的作用下,分解成氢原子和氧原子。氢原子向外飘扬,当它达到 80~100 千米时,氢原子的运动速度能够摆脱地球引力而进入太空。这样一来,地球表面的水就流出了太空。这样,从总体上来说,地球上水的总量是减少的。

　　非但地球,就连火星也是这样。1971 年 11 月,美国发射的"水手 9 号"对火星全部表面进行了高分辨率的照相,发现了火星上有宽阔而弯曲的河床。大河床和它的支流系统结合，形成了脉络分明的水道网络，但现在已全部干涸。那么，火星的河水流到哪里去了呢？科学家分析，火星河床说明，过

去的火星肯定与今日的火星大不相同。在火星的早期，频繁的火山活动喷出了大量气体，这些浓厚的原始大气曾经使火星表面温暖如春。造成了冰雪融化，河

火星照片上的河床

水滔滔的景象。后来火山活动减少，火山气体逐渐分解，大量水分解挥发散失到太空，火星大气变得稀薄、干燥、寒冷。从此，河水干涸，成为一个荒凉的世界。

远古时期，地球上的水量比现在要多。地球生物的进化与水有密不可分的联系。人类在进化过程中，也免不了与水有天然的渊源关系。1960年，英国人类学家爱利斯特·哈代爵士提出了一种新的假说，水生进化说。他查阅了大量史料，发现在400万~800万年前，海水曾淹没了非洲的东部和北部的大片地区。海水分隔了生活在那里的古猿群，其中一部分为了适应急剧变化的自然环境，进化为海猿。海猿在水中的这段时期，进化出了向人类方向发展的特征，同时又与陆上的其他灵长类有了较大的区别。如：陆地上的灵长目动物

体表都有浓密的毛发，唯独人类同海兽一样皮肤裸露。陆地上的灵长目动物都没有皮下脂肪，而人类却和海兽一样有厚厚的脂肪。人类胎儿的胎毛着生位置明显不同于别的灵长目动物，而与水兽的胎毛位置相当。人类泪腺分泌泪液，排出盐分的生理现象，在灵长目动物中是绝无仅有的，而海兽都具有。于是，哈代爵士认为，人类的祖先应该有一段在水中生活的经历。几百万年以后，海水退却，海猿重返陆地，又经过几百万年的进化，才使得人和猿彻底分道扬镳，进化成地球上最高等的智慧生物。

不管哈代爵士的假说是否成立，人类的亲水属性可谓由来已久。我们人体中水的含量占了体重的70%。所有的生命活动都要由水充当介质来完成。人类的生存发展一刻也离不开水。

那么，远古时期，"神仙"的活动还有哪些在水中可以找到踪迹？

② 水下遗迹

传说中的亚特兰蒂斯城

1968 年，有人惊奇地发现在距离直布罗陀海峡不远的大西洋比米尼岛一带的海底，发现了巨大的石头建筑群静卧在大洋底下。这些石头建筑分明像是街道、码头、城墙、门洞等等。根据这些建筑上面红树根的化石考证，表明它们至少有 12000 年的历史。这不由得使人们联想到了那个远古的希腊神话中海神波塞冬统治的地区——亚特兰蒂斯城。在这则神话中，记叙了波塞冬统治时期这座城市的繁华：城市中心有王宫和壮丽神殿。神殿是以黄金、白银、象牙，或如火焰般闪闪发光的名为"欧立哈坎"的金属装饰。城里所有建筑都以白、黑、红色的石头建造，美丽而壮观。在都市外有宽广的平原，修有棋盘一样的运河。这里不但富有，而且还拥有强大的军队。他们派出大量军队去征服雅典和东部，以攫取财富。无休止的奢华终于迎来因果报应。众神之王宙斯对他们发出了令人战栗的惩罚。恐怖的地震和洪水一夜之间突然降临,亚特兰蒂斯被大海吞没,消失了。

1974年,苏联"勇士号"科学考察船,在直布罗陀海峡外侧的大西洋底,成功地拍摄了8张海底照片。从照片中可以清楚地看出,除了腐烂的海草外,海底山脉上确有古代城堡的墙壁和石头阶梯。这一切似乎表明,曾经有一个高度文明的社会被埋葬在大洋底下。

英国剑桥大学的一位学者约翰·米歇尔(John Michell)写了一本著作叫《亚特兰蒂斯上的风景》,他在书中说到:"这个遗迹的规模之大前所未见。多少年来,它就安静地呆在大洋底下,耐心等待着我们的科技发展到足够的程度,最终能够发现它,欣赏它。"他在书中详细地描绘了一个高度发达的史前文明:与天空中的行星精确连成直线的古代石碑;先进的古代数学和几何学;先进的史前工程学等等。他认为,这个文明对知识的掌握远远超过了我们今天所能想象到的一切。

古代哲学家柏拉图在《蒂迈欧篇》和《柯里西亚斯》两本书中也对亚特兰蒂斯高度发达的文化大加赞赏,但对他们的奢华和穷兵黩武则极不赞同。亚历山大图书馆的学者曾写到过这次地质灾难:"突然,一阵剧烈的抖动,大地张开了巨口,一口就吞下地球的一部分,就在大西洋,欧洲的海岸线上,一个大岛被吞下去了。"

位于尼罗河畔的尼思神庙里的碑文上记叙了塞巴克(Sebek)是一名水神,他的母亲是尼思(Neith)女神。尼思是埃

希腊雅典帕特农神庙女神像

及前王朝时期的古老神祇，在神话中，她一直作为守护者出现。克里特的大地母神和希腊的雅典娜都是她的化身。亚特兰蒂斯的故事就刻在尼思神庙的一根柱子上，而在海神波塞冬神庙的圆柱上也雕刻着关于亚特兰蒂斯的故事。

在日本海域，人们发现了遗失已久的"穆"(Mu)文明的踪迹。冲绳曾是第二次世界大战最后一场战役的发生地，之后这个小岛成为了一个旅游景点。1995 年 3 月，一位潜水员无意间游出了冲绳南海岸附近的安全地带。这个潜水员当时潜到了大约 40 英尺深的水下。突然，他透过太平洋清澈碧蓝的海水，看到一座巨大的石质建筑，这座建筑已经被大量珊瑚埋起来了。游近之后，他发现这个宏伟的建筑是黑色的，由整块巨石建成，建筑物的外表已经在漫长的时间中被有机物侵蚀得模糊不清了。他绕着这个不知名的建筑转了几圈，拍了几张照片之后，就回头游向海岸。第二天，他拍摄的照片刊登在日本最大的报纸上。

次年夏末，又有另一位潜水员在冲绳的水中吃惊地发现了一座巨大的拱门,透过水晶一样澄澈的水面,可以清楚地看到 100 英尺下拱门的清晰轮廓。它显然是人造的,而且年代久远,看上去美得像奇迹,矗立在没有损毁过的海床上。很快,官方组成专家小组对冲绳南海岸进行了地毯式搜寻,结果发现在近海的小岛下掩藏了五座遗址。而且这些建筑物的建造方式与印加古城的建造方式如出一辙。只不过印加古城在太平洋的另一头,位于南美洲的安第斯山脉中。

1997 年 9 月,考古造诣很深的埃及考古学家韦斯特、作家汉卡克和肖赫博士造访了日本的与那国岛。在这里 80 英尺深的水下,他们发现了一座神秘

日本水下遗址

的平台,这座平台高达 160 英尺,呈金字塔形。经过几次潜水观察,这三位研究人员认为这很有可能是本世纪最重要的考古发现。因为这个古迹经过鉴定,已经在水下呆了 11500 年了。

人们在对这些神秘现象百思不得其解的同时,想到了外星人在这里聚集的传闻。通过对大西洋海底考察发现,有两座大金字塔,正沉睡在 400 米深的海底。金字塔高大约 42 米,边

传说中的大西国水下神殿

长 54 米。而且在金字塔附近还发现了仪器设备的残骸以及大理石的雕像。据传闻，在远古时期，这里是"大西国人"生活的地方。传闻中的大西国是几万年前大西洋地域一个有着高度文明的国度，后来由于洪水和战争的发生，大西国人都转入海底生活，并在那里建立了永久的基地。是否现在还有他们活动的踪迹呢？

在南美洲玻利维亚和秘鲁交界处的的的喀喀湖流传着一个叫"乌纳库水底城市"的传说。传说乌纳库城是印加人所崇拜的太阳神和月亮神的儿子下凡到人间来创建印加帝国的圣地。位置就是现在的的的喀喀湖。后来，印第安人一直在湖畔生息，他们称的的喀喀湖为"聚宝盆"。湖畔周围蕴藏着丰富的金矿，相传印加人为了使开采出来的黄金不落入外侵者之手，曾把大量的黄金隐藏在的的喀喀湖的水底。但是后来人们始终未发现这个城市和这批黄金。

关于水底城市的奥秘，一直等待着人们去探索谜底。

3 水中基地

我们设想一下,如果外星人要在地球上建立永久性基地的话,水中是最为理想的选择。这是因为,其一,地球表面的水域宽广,占地球表面积的 70%,可供选择建基地的地方很多;其二,海洋相对地球最高等的生物——人类来说,是很难涉足的地方, 在水底设基地可以避免人类无端的打扰和攻击;其三,外星人既然能战胜引力、冲破大气层,从遥远的外太空来到地球, 空气和水对他们来说都同样不是什么障碍,甚至进入水中还有缓冲作用,更有利于进出往返。

位于大西洋北部的百慕大三角海区,是全世界最为神秘的地带,很多诡异的事情发生在这一带。

1925 年 4 月 18 日,日本货轮"来福丸"号从波士顿出港。进入百慕大海域不久,就神秘失踪了,船和船员都消失得无影无踪。同年不久之后美国海军运输船"赛克鲁普"号也同样经历了这样的灾难,19000 吨吨位的巨轮连同 309 名乘员一起消失在神秘的百慕大三角区。

飞机在飞越这一海域时,也经常发生仪器失灵、飞机及人员神秘失踪的事件。

1945 年,5 架美国海军轰炸机消失在百慕大三角区。1948 年,一架私人包机连同 32 名乘客一同坠毁。1948~1949

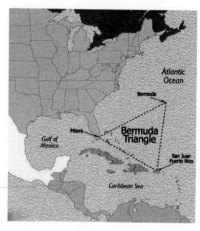

百慕大三角位置

年间，两架军用飞机在百慕大三角区不见踪影。1963年，两架美国空军的新式加油机失事于百慕大西南480公里处。1965年，一架大型客机飞抵百慕大三角区时永远地与地面失去了联系。1967年2月2日，美国一架从佛罗里达机场飞向波多黎各的飞机，在空中与机场的联系良好，机组人员预计下午3时到达波多黎各，但后来空中突然没有了电波，飞机再也没能降落……

在不少飞碟目击案中，人们看见过飞碟从海洋中飞出或从高空直接钻入海中。其中飞碟出现最为频繁的当数百慕大三角区。许多军用和民航机的驾驶员，海军和民船的水手、渔民，还有很多记者、研究人员都在这里的海域或空中目击过各种各样的飞碟。在百慕大地区，不仅已有如我们前面所述的数以百计的各种飞机、船舰眨眼之间不留痕迹地消失，甚至连美国军方从肯尼迪角发射的三枚带弹头的火箭也莫名其妙地掉进了百慕大三角海区，事后谁也测不出火箭坠落的准确位置，自然也无法打捞。

1996年9月27日，一个名叫马丁·梅拉克的探宝者在离佛罗里达海岸数公里的海底看见了一个形如火箭的东西。

梅拉克立即向军队报告,两名海军潜水员立即前往找到了那个物体,并把它打捞运回了美国海军基地。可是,就连美国最优秀的军事专家也分析不出这是什么东西,显然不是地球人制造的。

百慕大三角区出现的飞碟实在太频繁,以至于生活在大西洋百慕大三角区周围广大地区的居民对这些不明飞行物的出现都已经习以为常了。以加拿大知名学者让·帕拉尚等人为代表的 UFO 研究者于是得出结论:如果说广袤的海洋都可以作为外星人在地球上的基地的话,那么,百慕大三角区的海底就是基地的总部!

外星人基地的总部当然是神秘莫测,有如"仙女"沐浴的禁区,外人是不允许随意进出的。如果你不小心进入了这一禁区,有可能就再也出不来了。

这也许就是现代"仙女"承袭了古代"仙女"而演绎出的新的仙女沐浴图。

第六章
人类之母

★**人类进化的困惑** 人类进化的许多事实是达尔文的生物进化论无法解释的。现代人的产生是自然进化的结果吗？到目前为止的生物学理论遇到了前所未有的困惑和挑战。

★**基因改造** 从神话传说的线索，结合远古文明遗迹和生物基因科学原理来考证，现代人类很有可能是由外星人完成的生物遗传基因重组的产物。

★**大洪水浩劫** 在大约一万年前，一个近地星体突然袭扰地球牵拉海水，在地球上引发了一次几乎造成人类毁灭的大洪水。这场大洪水的浩劫，中断了人类文明正常发展的进程。

1 人类进化的困惑

　　我们人类是从哪里来的？到目前为止，除了一些美丽传说和各种未经证实的推测之外，并没有一个完全经得起推敲的答案。

　　大家比较认可的，是 19 世纪英国伟大的科学家达尔文提出来的生物进化理论。他根据对生物界大量的观察与实验，认为物种的形成及其适应性和多样性是自然选择的结果。即

生物进化论创始人
查尔斯·达尔文

生物为适应自然环境和彼此竞争而不断发生变异，适于生存的变异，通过遗传而逐步加强，反之则被淘汰。归纳起来就是 12 个字："物竞天择，适者生存，优胜劣汰"。达尔文的这套学说，奠定了进化生物学的基础。他还将进化论用于人类起源和发展，认为人类起源于古猿。经过一番激烈的学术和宗教的争论之后，科学界渐渐接受了这个理论。后来的古生物学家通过对古生物化石的研究，在达尔文学说的基础上形成了现代公认的人类起源说。

　　根据达尔文人类起源学说对若干化石证据的考证,科学家推知,人类是由古猿中的一支进化而来的,古猿早在 3000 万年以前就已经出现在地球上,体形较现代猿类小。经过漫长的数千万年进化,产生了南方古猿。大约在距今 300 万年左右,南方古猿的一支脱离了古猿类,朝着猿人的方向演化。根据化石发现,现在一般将人类脱离古猿后的发展历史分为三个阶段:

　　猿人阶段开始于距今 300 万年左右。这时的猿人会制作一些粗糙的石器,脑容量约 630~700 毫升,会狩猎。如我国发现的元谋人、蓝田人,北京周口店猿人以及在坦桑尼亚发现的利基猿人,都是这个时期的化石代表。猿人阶段在大约 30 万年以前结束。

　　古人或称早期智人阶段开始于距今 20 万年左右。古人的特征是脑量进一步增大,已经接近现代人的水平,脑结构也比猿人复杂得多,其打磨的石器也比猿人规整,能人工生火,体态也开始分化。我国已经发现的马坝人(广东),资阳人(四川)、丁村人(山西)都是这一时期的化石代表。

　　新人或称晚期智人阶段大约开始于距今 5 万年左右。新人化石在体态上与现代人几乎没有什么区别,其打制的石器相当精致,器型多样,并且已出现了骨器和角器。新人甚至还会制造装饰品,进行绘画、雕刻等艺术活动。在法国克鲁马努地区的山洞里发现了距今约 3.1 万年的骨架。我国发现的柳江人(广西)、山顶洞人(北京)属于这个时期的化石代表。此后,人类便逐渐发展到了现代人阶段。

　　这套人类进化体系看似十分完整,但它始终不过是推测或者是假设而已。就化石而言,古猿阶段漫长的数千万年时段难以精确界定不说,就说猿人阶段何时向古人阶段转变,古人阶段又是何时向新人阶段转变,凭借的依据仅仅是一些头骨或手足骨骼的化石,甚至仅仅凭借几颗牙齿。因此,这些分段只能是一个模糊的概数,每个阶段的转变期中间都存在着巨大的化石空白区。例如,考古学家已经证实,所谓的新人之后有4万年的化石空白期。这4万年里,正在进化中的人类跑到哪里去了呢?难道是跑到另外一个空间去完成进化了吗?因此,关于古人如何向新人转变,新人又如何向现代人飞跃,没有谁能说得清楚。生物进化论遇到了前所未有的困惑和挑战。

　　现代人的产生是自然进化的结果吗?达尔文的进化论以及后来的新达尔文主义,从它一产生以来就处于争论之中。100多年过去了,科学的发展并没有使分歧统一,相反却使它不断扩大。1966年在费城的威斯达学院召开了一次由一些数学家和生物学家参加的研讨会,会议的主题就是研讨达尔文的进化论。会上许多学者认为,达尔文的进化论具有划时代的意义,但这一进化论中仍有许多漏洞,这些漏洞用目前生物学家的观点是无法弥补和解释的。他们得出共识:自然选择无法对某些生物的适应性结构的初级阶段作出解释,它不符合不同种群近似的结构共存原则。某些特定的差异有突然发生的可能，而不一定是逐步发生的。

也就是说，达尔文的进化论认为生物存在的器官是由无数的、渐进的、微小的变化而来的。可是，无数事实恰恰说明，在人的进化中，有些复杂的器官不可能是进化累加而来的。这并不是达尔文本身错了，而是他只抓住了真理的一部分。这与学问的大小无关，与科学的发展也无关，而是所有人都无法回答的问题。

比如说，猿人满身的体毛是如何完全褪去，变成今天人体光滑的皮肤的？按照"适者生存"的理论，浓密的体毛能够很好地起保温隔热和防止擦碰挫伤的作用，应该在自然进化中保留下来，但偏偏人类几乎没有了体毛的防护。古时只能靠兽皮、树叶等做护体之物。而兽皮能否得到是不确定的，难道"进化"会舍弃已有的皮毛优势而选择毫无防护能力的光滑皮肤劣势吗？

又比如说，人类的智力也来得莫名其妙。

人类智力来源想象图

人类学家认为，人的智力发展得益于两个条件：一是相对艰苦的生活环境，为了生存就需要更多的智力去获取食物；第二是人的群居性，群居可以互相学习，以最高的智力样式互相传递,推动智力不断提高。可是,能够满足这两个条件的不仅仅是人类。对许多动物而言,它的生活环境很多时候比当年人类的生活环境要艰苦得多。同时,群居的动物也不在少数,蚂蚁、狼群都是群居动物。在符合这两个条件的情况下,其他动物的智力怎么没有发展起来?

有的学者认为,人的智力发展是由于人的大脑自然产生精神活动的结果。这个命题相当于"用原因解释原因、用结果解释结果"的"A 就是 A"的模式。且不谈这样解释是否合理,重要的是人的大脑精神活动又是怎样来的呢?开始人们认为精神活动是由大脑自然产生的。人脑的平均重量为 1300 克左右,是大脑比较发达的生物。但比人脑重的动物如大象、鲸鱼等,它们的脑重分别为 4000 克和 7000 克,可它们的智力和精神活动根本不能和人类相比。后来又有人用脑容量与身体重量之比的方法来说明。人的脑占比是 1:38,大象是 1:500,猩猩是 1:100,似乎人占有绝对优势。但是,麻雀的脑占比是 1:34,长臂猿是 1:28,白鼠是 1:26,脑容量占身体重量之比均高于人类,可它们的精神活动又如何呢?因此,大脑自然产生精神活动的说法是行不通的。

随着人类大脑科学的发展,人们似乎发现了精神的来源地,那就是人的大脑沟回多,精神就像山沟里的清泉一样源源不断地流淌出来。可是不久人们就发现,海豚的大脑沟回一点也不比人类少。这样看来,也不能按大脑沟回的多少来判断精神丰富的程度。还有人类学家指出,人类的额叶较灵长类动物大得多,这是我们具有创造性思维和语言能力的根源。然而,美国衣阿华大学的学者们,通过比较发现,人类大脑额叶的大小与其他灵长类动物相比并无显著差别,额叶的大小并不能说明任何问题。

问题转了一圈又回到原处:现代人类是完全靠自然进化来的吗?

2 基因改造

　　生物进化理论不能解释清楚人类的起源,倒是许多神话和宗教的资料在几千年以前就对此有过大量的记载。

　　几乎全世界所有民族的早期神话中, 在解释人类起源时,都说是"神"创造了人。而且,从造人神话的内容、神话的结构,到神话的叙述方式,都是那么的相似,就像是从一个模子里倒出来的一样。

　　基督教说是上帝创造了人类。《圣经》记载,世界初始时野地里虽有草木,陆地上虽有生物,但没有人。因为耶和华还没有降临。"上帝说, 我们要按照我们的形象,按着我们的样式造人,使他们管理海中的鱼,空中的鸟,地上的牲畜,还有地上所爬的一切昆虫。"于是,上帝就用泥土造人,将生气吹进他的鼻孔里,他就成了有生气的人, 他的名字叫亚

亚当和夏娃

当。接着,上帝让亚当沉睡,从他身上取下一根肋骨,造成了一个女人,她的名字叫夏娃。然后,蛇诱惑亚当和夏娃吃了树上的善恶果。于是,地球上有了人类。但是蛇犯了诱惑人类迷情的错误,因此上帝惩罚它只能用肚子行走饱受植物针刺之苦。

中国神话说是女娲创造了人类。据《风俗演义》记载,上古的时候,盘古从混沌中开辟了天地。临死化身,又创造了山川河流、日月星辰、草木虫鱼,但就是忘了造人。慈善的女娲神取了一些黄土,掺些清水,和了一堆泥巴,然后用水照着自己的形象捏了一个小人,往地下一放。奇了,这小东西竟然活了,蹬蹬腿,伸伸腰,围着女娲又唱又跳。女娲对自己的作品很满意,又继续用手搓揉掺了水的黄泥,造了许多男男女女。女娲想用这些精灵般的小生灵去充实大地,但大地毕竟太大

女娲造人

了,她忙不过来,于是用一根绳子伸到泥浆里,然后用力一挥,泥点溅落的地方立即出现了欢喜跳跃的小人。这些小人成群地走向平原、谷地、山林,从此,地球上有了人类。

此外,古希腊的

神话说,人类是奥林匹斯山上的诸神创造的;新西兰的毛利人说,他们的来源是神取了河边的红泥和着自己的血捏出来的;澳大利亚的造人神话说,创世者用他的大刀割下树皮,在上面用泥土造成人形,然后向他们吹入生气造成的;非洲白尼罗河畔的希卢克人的神话说,创世者乔奥克决定造人,拿了一块泥土造了一个有两条长腿、两条手臂和五官的完美人类;阿拉伯的神话说,上帝派阿兹列来创造人,他取了一些泥土造了一个人形,过了40天,当泥人变干后,上帝给了他生命,并赋予他们理性的灵魂;印第安人的神话说,创造人类的是"大者",他首先用泥捏好一个人形,用树叶盖着,然后让太阳坐在旁边去烤,可没有想到,太阳把这个人给烤焦了,成了黑种人,"大者"又捏了一个泥人,让太阳坐在远远的山顶去烤,结果几乎没有烤到,而是被捂白了,就成了白种人,"大者"不甘心,又捏了一个泥人,这次不远不近,终于烤出了一个令"大者"满意的人种,这就是红种人——印第安人。

这些神话传说,地域不同,讲叙人的种族不同,但都有惊人的一致性:都说人是由上帝或神创造的;都是利用了一些东西如泥土,部分血液和器官等,都是先造人形,然后赋予了其灵魂和生气。古时候,不同地域、不同种族的人远隔重洋,语言不通,怎么会有这样惊人一致的造人神话传说呢?我们只能推想:世界各民族神话的惊人一致,向后世传达了一个准确的信息:人是被制造出来的!

难道人是可以被制造的吗?对这个问题的回答,现代科学发展到今天,应该已经不算是难题了。1953 年,生物学家华生、物理学家克里克发明了基因科学,并迅速形成了基因工程。通过多年的研究,现在已经大体搞清楚了人的身体构成。我们每一个人体内都有 100 兆个细胞,每一个细胞都有一个由 4 个不同核酸构成的细胞核,称为 DNA 分子,它包含了人体的全部遗传信息。每一个细胞就是一个完整的关于怎样构成身体每一个部分的指令库。目前人类基因组计划已经接近完成,一旦这个工程完成,人类就可以通过 DNA 重组,就是采取类似工程设计的办法,按照人类的需要从

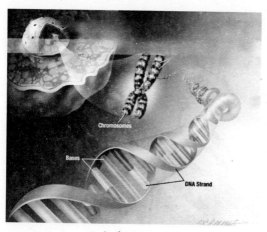

人类基因组工程

不同种的生物基因中提取所需部分,进行分离、剪切、组合、拼接, 然后可以把重新组合的基因完整移入一个细胞内,进行大量复制,创造出新的物种。1996 年,英国生物学家已成功地用母羊身上的一个活细胞克隆出了山羊"多利"。这实际上是宣告动物的克隆是可能的。既然动物可以克隆,那么,人是否也可以克隆呢?从纯技术上说,应该是不成问题的。但如果真是那样,我们将会面临一系列我们还没有想好对策的问

题。

试想，我们人类的文明史加起来才不过 6000 多年，就能够达到接近于克隆人的技术水平，而在广大的宇宙之中，比我们的历史长、文明更久远、技术更高超的高智慧生物，他们能来到地球，做出改造生物基因、创造新的人类的事情，难道还是很难办到的事吗？

循着神话传统的线索，结合远古文明遗迹的考证和基因科学，我们很容易得到这样一个推论：现代人类是由外星人完成的"动物基因组合的产物"。

在我们前面展示了这样一幅现代人类产生的情景：

在大约 17000 年以前，地球早已从青春期进入了成熟期，剧烈地壳运动和火山爆发活动也渐渐平息下来，繁盛了 1 亿多年的恐龙时代早已随着那场小行星碰撞的噩梦变成遥远的过去。冰河时代也早已不见了任何痕迹。在这一个充满勃勃生机的蓝色星球上，陆地上长满了各种植物，四季鲜花轮番开放，果实处处飘香。丛林里，自由自在地蹦跳着各种动物，鸟儿在空中飞翔、在枝头欢唱，狮虎象猿等哺乳类动物在森林里繁衍。尤其是灵长类生物猿人已经进化到了现在称之为"新人"的阶段。海洋里各种鱼类和海猿、海豚、海豹等海洋生物在它们各自的领域里传宗接代，嬉戏畅游。这是一个比白垩纪之前的恐龙时代还要繁盛的呈现更多生物多样性的太平盛世。

殊不知，远在 8.7 光年之遥的天狼 B3 星上的高智慧生物,早就注意到了这颗太阳家族里的蓝色球体,并运用遥感和环球探测的办法取得了地球的大量资料,建立了详细的地球身份档案和地表生物档案。他们决定在这个星球上进行生物试验,把自己的生命基因移植到这个星球上,使自己种族的生命要素在这个星球的某种生物体上延续。

于是,有一天,地球迎来了第一拨从天而降的不速之客。他们来到地球后,从海洋到陆地、从丛林到阡陌,收集了各种动物的生命结构和遗传基因,通过比较,认为猿人中有一支是最有灵性、最有发展前途,这就是后来被人类学家和历史学家称呼为新人的人种。当时这种新人的大脑较其他生物发达,有简单的思维,能利用石块等原料制造工具,懂得火的保存与运用,并能够结绳计数和刻符号记事。当然,这离天狼B3 星人的智力和所拥有的科技水平没法比。他们采取生命遗传基因培育、剪切、移植的办法,以地球新人身体结构为基础进行嫁接改造。他们从地球多种动物中选取有优势的DNA 遗传信息,把食肉类动物和食草类动物的消化系统相融合,把新人的消化系统改造成两者功能兼容的消化系统,以适应多变的外部环境;他们把海洋生物海猿和海豚的皮肤遗传基因植入新人的皮肤遗传基因,使其皮肤变得光滑;他们还参照他们自己的身体结构,分别改造了身体各部分的比例结构和语音系统。当然,最浩大、最复杂的生物基因改造工程是大脑思维系统的改造,他们向新人输入了精神和意识基因遗传密码,使新人的思维和创造能力得到质的飞跃。

这一创新性的实验是一个艰辛、漫长的过程，是在反复试验的情况下完成的。有的试验是在母船实验室中进行的，有的只能带回自己的星球完成。刚开始的时候，实验进行得非常艰难。生长出了许多怪物，有身体像狮子的人，有头像海豹的人，有脚像马蹄的人，有巨人，也有侏儒，还有一些四不像的生物。而且，这些生物的性情更是千差万别，有的甚至难以把握。为此，他们一次次把不满意的作品推倒重来，直到试验出较为满意的

生物试验中的怪物人

为止。当然，为新人类产生而进行的生物适应性和稳定性试验是在地球自然环境中完成的。他们把用 DNA 重组技术加工好的较为理想而又能适应地球新人的受精卵植入地球新人的女性身体之中，产生了我们称之为现代人类的胚胎，并使之能够实现自然繁殖。这样，经过一段时期配对、调整、适应性锻炼和信息沟通方面的调教等诸多工作，全新的现代人类终于诞生了。

新人类一经诞生，就显示其强大的生命力，并拥有了其他任何一种生物所没有的精神活动和思维能力，同时拥有了能够征服其他生物的创造力。他们以不可阻挡之势迅速繁殖，走出欧亚大陆，走向非洲，奔向美洲，奔向重洋中的各个

岛屿,遍布全球。

这不是神话,但又与神话何其相似！在最早的人类记忆中,给予他们生命,掌握他们生杀大权,调教他们获取生活资料,帮助他们改善生活条件的种种印象实在太深刻了！给予他们这一切的不是神灵又是什么？巨大的神秘感、神圣感和责任感使他们在没有文字记载的情况下把这些事情进行口口相传,使之代代不忘。这样一来,后人已经分不清哪些是神话,哪些是事实了。

所以,我们今天除了能读到前面所列举的"神用泥巴捏成了人"的神话,还能读到希腊神话、北欧神话、印度神话、中国的《山海经》、基督教的《圣经》乃至《荷马史诗》等多种典籍之中关于人神交合的许多记载。

《山海经》封面

以《山海经》为例。《山海经》是中华民族最古老的奇书之一。它记载的内容是那样的离奇古怪、洪荒难测,乃至历代的史学家都不敢去触碰它。这样反而使它保留了较多的原始成分而较少得到修改。它的内容之广博、知识之密集为古往今来的人们所称道和叹服。就连"不为五斗米折腰"的陶渊明都折服于它的神奇,曾一口气写下了《读〈山海经〉十三首》诗篇。其中第一首诗有"俯仰终宇宙,不乐复何如"的诗句,表达了他读《山海经》后的兴奋和通晓天下的畅快。《山海经》中除了有大量的地理、历史、医学等知识外,记载了很多非人非神、半人半兽的生物。如《海外南经》中载:"神灵所生,其物异形,或夭或寿……"《大荒北经》载:"北海之渚中,有神,人面鸟身。"《大荒东经》载:"有神人,八首人面,虎身十尾,名曰天吴。"还有很多诸如"羽民国"、"毛民国"、"轩辕国"(巨人国)、"侏儒国"(小人国)、"犬封国"、"青丘国"等奇人怪物的描写。

当初你在读这些涉及人神交合的神话记载时,你一定会觉得大惑不解,认为它们是多么的荒诞不经。现在,如果你认识了"人是天狼 B3 星高智慧生物利用地球动物基因组合而成"这一推论,你眼前一定会有一种豁然开朗的感觉!

我们再来看仙女下凡的传说。传说中的主人公为什么是"仙女"而不是"男神"?因为"仙女"是母性的,她是能够直接孕育生命、繁殖后代的。正如这个传说中所描述的,仙女和豫章新喻男子结合后,生了三个女儿,这就是地球人类的新后代。为什么只讲生了女儿而不讲生了儿子?因为女性象征着生命之母、物种摇篮。她们尽管可以飞走,但也可能飞回来。她们的丈夫、父亲还留在大地上,大地上还有那么多的兄弟和帅气的美男子,她们能不留恋眷顾而回来吗?——这又为"神仙"去而复返和人类的生生不息留下了美好的念想。

3 大洪水的浩劫

然而，天有不测风云。突然有一天，在地球的北半球遭受了一次空前绝后的大洪水。这场大洪水造成人类几乎毁灭，其惨烈程度和留给后人的记忆，是那样的震撼、深刻和难以磨灭！我们可以在上古神话传说和早期宗教记载中找到它的踪影。

中国西南关于伏羲兄妹的传说是这样的：在很久之前，山脚下住着一户人家，父亲做着农活，一双儿女快活地在一旁玩耍。忽然，天空一个炸雷，一道闪电，倾盆大雨顿时劈头盖脸地倾覆下来。暴雨中，青面獠牙的雷公出现在这一家人面前。父亲认为就是这位雷公给人带来了灾难，挥起虎叉向他叉去，正中了雷公腰部，把他叉进了一个大铁笼子里。第二天，父亲要外出，临走时嘱咐两个孩子说："记着，千万别给他水喝。"狡猾的雷公装病骗取了两个善良小孩的同情，喝到了一点水，雷公一下恢复了神力，挣脱了牢笼。为了感谢小孩，雷公从嘴里拔下一颗牙齿，交给两个小孩子说："赶快种在土里，如果遇到什么灾难，可以藏在所结的果实里躲过。"说完飞腾而去。父亲回来后，得知雷公已走。料知大事不好，连夜赶造木船。两个小孩把雷公的牙种到土里，转眼间就结出了一个巨大的葫芦。两个小孩拿来刀锯，锯开了葫芦，挖出里面

大洪水传说

的瓢,钻了进去。这时大雨滂沱,地底下喷出洪水,大水淹没了房子,又淹了高山。快要淹到神仙的天门。神仙施法阻止了洪水的泛滥。坐在小船里的父亲被咆哮的洪水卷走了,只有躲在葫芦里的两个小孩幸存下来。哥哥叫伏羲哥,妹妹叫伏羲妹。长大以后,他俩结为夫妻,人类又重新开始繁衍。

在秘鲁印第安人中有这样一则传说:大神巴里卡卡来到一个正在庆祝节日的村庄,因为他衣着褴褛,模样古怪,所以没有人给他东西吃。只有一位善良美丽的姑娘可怜他,给了他一点酒水。巴里卡卡为了感谢她,就告诉她说,这个村庄在5天后便要毁灭了,叫她找一个安全的地方躲起来,并嘱咐她不要把这件事情告诉其他人。于是,巴里卡卡引来了风暴和洪水,一夜之间便把整个村庄毁灭了,大水一直淹没了高山。

印度有一则传说是这样的：有一个名叫摩奴的苦行僧在恒河沐浴时，无意中救下一条被大鱼追吃的小鱼，他将这条小鱼救回家，放到水池中养大，又送回恒河里。小鱼告诉他，今夏洪水泛滥，将毁灭一切生物，它让摩奴做好准备。摩奴造好一条大船后，洪水真的铺天盖地而来，小鱼紧紧护在大船旁边，还用尽力气把大船拖到安全的地方。此后摩奴的子孙繁衍，成了印度人的始祖。

古代典籍中有许多关于大洪水的记载。

《山海经·海内经》记载说："洪水滔天"，"鲧窃帝之息壤以堙洪水"。

《圣经·创世纪》记载："此事发生在 2 月 17 日，这一天，巨大的深渊之源全部冲决，天窗大开，大雨 40 个昼夜浇注到大地上。"诺亚和他的妻子乘坐方舟，在大洪水中漂流了 40 天之后，搁浅在高山上，为了探知大洪水是否退去，诺亚连续放了三次鸽子，等第三次鸽子衔回橄榄枝后，才知洪水已退去。

大洪水时仙女警示图

在印第安基奇埃族，有一本名叫《波波尔·乌夫》的古文书，书中对灾变进行了如下描写："发生了大洪灾……人们拼命地跑，他们爬上房顶，但房子塌毁了；他们又爬到树梢，但树又把他们挂落下来。人们在洞穴里找到避难的地点，但因洞窟塌毁而夺去了人们的生命。人类就这样灭绝了。"

夏威夷自古流传下来的颂歌《库木里坡》这样描绘这场大灾难："人们听到了自然在怒吼，看见波浪起伏，大地发出轰隆隆的声音，地震来临。大海在发怒，海浪高过了沙滩，高过了人类居住的地方，渐渐高过了整个大陆。第一任族长留在了寒冷的高地。但死亡依然降临了，从地球肚脐来的水流冲了进来。很多人消失了。大浪中活下来的只有库阿穆（Kuamu）。"库阿穆就是传说中的"穆"文明传颂的真正的勇士……

这些神话和典籍的记载，是这样的相似和不约而同，看来上古时期有这样一次毁灭性的大洪水应该不是随便杜撰出来的。

那么，有没有地质证据可以证实呢？

20 世纪以来，地质学家陆续在世界各大洲，发现了一些确信是大洪水留下的痕迹。1922 年，英国考古学家伦德纳·伍利爵士，开始对巴格达与波斯湾之间的美索不达米亚沙漠地带进行考察挖掘，结果在苏美尔古国吾耳城的王族墓葬群之下，发现了整整有 2 米多厚的干净的黏土沉积层。对黏土的分析表明，它应该是洪水沉积后的淤土。墓葬中有刻在泥板上的楔形文字和其他陪葬品。由此可以得出这样的结论，在人类用泥板记载历史之前，这一带曾经发生过一场巨大的

汤姆·米勒画出了亚特兰蒂斯沉没时的情景

洪水。

类似的情况在中国的华南地区、德国、法国及北美地区相继被发现，地质学家都不约而同地发现了一层海底浊流沉积物。美国学者 D.S 阿伦和 J.B 德莱尔两人经过多处考察，合作写出了《大灾难！公元前 9500 年宇宙大灾难的铁证》一书。书中告诉我们，他们作为研究者看到了很多全球范围大洪水的证据。包括山坡上留下的遭受过高速水流冲击的擦痕，山洞中多种动物遗体化石和堆积物，散落在乡村的巨型卵石，等等。

科学家肯定地认为，在 1 万多年以前，地球上确实发生过一场毁灭人类的大洪水。

这场地球人类的大劫难是怎样造成的呢？

对此，人们的看法五花八门，见仁见智。最初，古人们自然会把大洪水发生的原因归咎于人类得罪了神灵,作为对人类的惩罚,神灵引来大水毁灭人类。中国伏羲的传说里,大洪水是因为伏羲的父亲得罪了雷公,雷公引来了洪水。《圣经·创世纪》说:"耶和华见人在地上罪恶极大,就后悔造人在地上。"

以后人类追寻大洪水暴发的原因,并没有受到神话的束缚,人们采用现代科技的手段和科学的眼光,重新审视这场与人类命运休戚相关的洪水成因。

一种是外来撞击说。持此观点的研究者认为,史前大洪水是由一颗巨大的陨石撞击地球造成的。因为地球上发生的陨石撞击事件屡见不鲜。1969 年,美国地质学家在阿拉斯加荒漠考察时,发现了一个直径 12.4 公里的陨石坑,而且据测定,这个陨石坑的年龄在 1.2 万年左右,十分接近大洪水暴发的时间。但经过进一步考证,这颗大约直径为 600 米的陨石不可能造成全球范围毁灭性的海啸,而且不可能造成高达 1000 多米的滔天洪水。

另一种是火山爆发说。火山爆发,一直在地球诸多自然灾害中占有重要地位。公元前 79 年,维苏威火山突然爆发,在一夜之间彻底毁灭了古罗马的庞贝城,所有的居民在睡梦中被埋葬在厚厚的火山灰下。油画《庞贝城的毁灭》生动再现了庞贝城的苦难经历。火山爆发的壮观景象和释放出来的巨大能量,使人们想到人类史前的那场大洪水,是否就是火山爆发引起的?科学家在寻找火山爆发证据的过程中,发现位

油画：庞贝城的毁灭

于地中海的桑托林岛附近曾经有过一次巨大的火山爆发,这次火山喷发引起的巨大的旋涡和滔天巨浪摧毁了附近的克里特岛沿岸。然而,科学家最终还是排除了火山爆发就是史前大洪水的罪魁祸首, 因为这次火山爆发的时间距今仅有3500年左右,比地质学上证明的大洪水几乎晚了近万年,而且形成的海啸也不会越过亚洲大陆淹到中国,更不可能冲击到美洲的秘鲁和墨西哥。

前两种假说都被否定了,那么,最有可能引发那场史前大洪水的,应该就是星际之间的相互作用牵拉海水而引发的海水侵浸事件。

宇宙里的大部分空间是空旷的,但也到处都有四处游移的物质球体,除恒星外,还有行星、卫星和其他星际物质。它们穿梭于太空之中,时时变换队形,就像上演着一场集体舞。在太空舞会进行的过程中, 各个星球彼此之间都存在牵引力,使一个星球朝向另一个星球的方向凸起。在万有引力的作用下,太阳、月球和太阳系中的所有其他行星对地球上的陆地和海洋都有牵拉的作用,但只有太阳和月球的作用是比较明显的。对地球上的海水来说,虽然太阳的引力大,却不如月亮的引力作用明显。不仅因为月亮是距地球最近的星体,而且月亮作用在地球上的引力在各处的变化比较明显,作用力的大小取决于该处距月亮的距离。刚好朝向月亮的海域由于比其他海域离月亮近、所以受到的引力较大,海水被拉升上涨。在月亮绕地旋转的过程中,地球本身也在不停地自转,所以产生了海平面有规律的涨落。潮涨和潮落交替出现,这就是我们司空见惯的潮汐现象。

与月亮相比,太阳距离地球太远了,它的引力无法引起地球上不同海域海平面的显著变化。但是当太阳、月球和地球排成一线时,太阳和月亮的作用叠加,使地球每年产生一次"朔望大潮"。这时的潮涨潮落幅度比其他任何时候都要大。

根据这一原理,我们可以想象一下,如果一个类似月球或比月球小一点的星体,突然与地球擦肩而过,它虽然没有撞上地球(那样地球就彻底毁灭了),但它对地球的引力作用一定比远在38万公里外的月球大得多,它可以引起地球轨道颤动,地轴倾斜,最明显的作用就是能够在短时间内对海水产生巨大的牵扯力,足以使海平面迅速向朝向该星体的一方抬升数百米乃至上千米!这一过程相对地球上的人类来说,真正是惨绝人寰:高达几百米的浪头一个连着一个,以每小时几百公里的速度,呼啸着扑向大陆,吞没了平原山地,吞没了这些地方的所有生灵。伴随着海洋的剧烈变化,风暴形成,引起气候的剧烈变化。所以在苏美尔人的泥板文书中有这样的记载:大洪水的时候,"南风以可怕的速度刮着……"

据索菲亚天文台台长埃斯·鲍索夫考证,在大约1.2万年前,一颗直径为2770公里的星体,从地球直径6倍的距离(7.65万公里)的地方通过,它的方向在地球的北面,引起地球海洋在短时间内(大约为12天)持续涌向地球的北面,使北方的海水上涨了1000多米。

由此,我们就可以这样来描绘一下这场史前大洪水的情景了。当时,在短短的十几天时间里,北方的海水上涨了1000多米,大陆上一片汪洋。在波涛中,一些高山的顶端露出水面,看上去像一个个小岛。高山在海浪中颤抖,陆地在重压下塌陷。当时的地球人类,是由天狼B3星高智慧生物改造

传说中大洪水过后的情景

后进入了新的发展阶段的新人类,他们已经有了与其他灵长类动物不可比拟的质的区别,科技水平经过数千年的发展,已经达到了较高的水平,有些方面甚至和我们现在能达到的水平不相上下。但是,面对这突如其来的灾变,他们猝不及

防,只能葬身洪水,连同他们所创造的绝大部分文化也一并被洪水浸没。他们聚集和生存的地方刚好是地势平坦、土地肥沃、交通便利的北部平原及海滨。

那么,究竟是哪些人活下来了呢?一是那些受到"神"的启示,也就是得到和领悟了外星人提示建造了诸如"诺亚方舟"的救援工具偶然躲过一劫的人。二是恰好登上1000多米高的山顶的人(这样的概率几乎为零,而且可能被风暴和饥饿所毁灭)。三是地处边远高山和高原上的相对原始和落后的人,也就是如《圣经·创世纪》所言的"从山上下来的落后的牧羊人"。

这场空前绝后的大洪水的发生,不是像《圣经》所说的由于"神"对人的惩罚,也不是外星人对新人类的表现不满意而采取的推倒重来的行为。根据种种迹象表明,这次灾变不是外星人所为。因为他们也想避免毁灭性的事件发生。他们对辛辛苦苦创造出来的地球人类文明应该是很珍惜的。但是远在8.7光年之外的天狼B3星人无法改变这颗直径达2770公里的天体的轨道。以他们的科技水平,当然知道这个天体一旦接近地球将会对地球人类产生怎样的后果,但是他们无法对人们进行大规模的迁徙,只能以他们能够做得到的方式提示人们尽量躲过这一劫。并且他们很可能采取了一些保存地球生物遗传基因的措施,例如采集各种不同物种的DNA遗传基因,保存在他们宇宙飞船上的生物基因库中。在大洪水过后,再让这些生物在地球繁衍。

诺亚方舟

现在，我们再来看前面讲到的当大洪水发生的时候,伏羲兄妹躲进了葫芦,摩奴坐到了大船上,还有神奇的"诺亚方舟"除了装载诺亚和他的妻子外,还将动物成双成对装载到了方舟上——对这些神话传说和典籍记载的由来,以及关于"沧海桑田"等成语的含义,就不会感到一头雾水,而能较好理解,也会得到一种较为透彻的领悟。

经历了一场大洪水的浩劫,人类文明发展的进程大大地打了一次折扣。尽管如此,外星人改造地球人类的成果还是没有被完全毁灭,来自外太空的"仙女"还是无愧于"人类之母"的称号。

第七章
去而复返

★**黄金时代**　远古神话传说有一个"人神相杂"的时期，这就是被许多典籍称为"黄金时代"的时期。人类在这一时期被传授了大量的知识和技能。在各地发现的远古建筑、雕刻和绘画遗迹中，有的很可能是这一时期的杰作。

★**留下标记**　外星人为以后大规模迁移地球，指挥和帮助人类在地球上铺设了不少标识性建筑，授意人类建了很多祭坛等建筑。也许是外星人本土星球发生变故，使他们放弃了迁移到地球的计划。

1 黄金时代

　　仙女传说故事有一个重要的情节:仙女和世间男子在一起共同生活了一段时间,生了三个女儿。女儿长大了,越长越可爱,会撒娇,还会使小性子。当了父亲的男子很爱妻子,生怕妻子会有一天离开他。但他更爱女儿,捧在手里怕摔了,含在嘴里怕化了,当然什么要求都会满足她们。妻子很想知道被丈夫藏起来了的那件自己得以来到世间的"羽衣"的下落,但她知道如果自己去询问丈夫,一定不会有结果。于是她就悄悄唤来小女儿,要她去打听藏七彩羽衣的地方。于是小女儿在父亲面前使尽浑身解数,嚷着要看那件漂亮的羽衣,尽管隐藏这件羽衣的地方是男子的最高机密,但他经不住女儿的软磨硬泡,最终从仓库的积稻底下,取出了这件羽衣给女儿看。小女儿将藏羽衣的地点告诉了妈妈。妈妈得到羽衣后,披在身上,立即飞升而去。当然,她割舍不断与人间的血脉亲情,过了一段时间后,又回到人间,把三个女儿也带走了。

　　这一情节明白无误地告诉我们:仙女与世间男子在一起共同生活了一段时间,曾经回到天庭,并且去而复返。

　　在人类各民族大量的神话传说中,都有关于"人神相杂"、共同生活的美好记载。"神仙"不但自由往返于天庭与人间,而且指导帮助人类营造家园,改善生活,增进福祉……这是多么令人向往、令人留恋的时光啊！因此，许多民族都用一种美好的心情来回忆这段历史。比如古希腊神话就把这一时期称为"黄金时代"，也有的民族把它称为"金太阳时期"。

你看，在那个时候，人与神关系非常融洽，人可以到神家里去，神也常常到人家里来。正如《山海经》中所言"人之初，天下通，人上通。"正是在这样美好的关系中，神完成了对人类的早期教育，传授给了人类大量的知识和技能。

我们留心一下世界各地各民族的神话传说、宗教文化和古书典籍，就会发现一个共同的特点，上古社会里总是把文化的出现与神相联系，各原始民族总是把他们每一项文明成果的出现都归结为神的教导。

例如，古埃及的自然宗教里就把月神当成是智慧之神加以崇拜；在古希腊神话里象征智慧和文化的天神是雅典娜。

在中国历史上有一位伟大的神灵，叫神农氏。他的最大功劳是为人们传授农耕知识和中医学知识、制作工具、指导商务开市，创造了被全世界人民称颂的华夏神农文化。《管子·轻重篇》说："神农作，树王谷淇山之阳，九州之民乃知食谷，而天下化之"。《周易·鲧辞传》记载说："包

神农

牺氏没,神农氏作。斫木为耜,揉木为耒,耒耨之利,以教天下","日中为市,致天下之民,聚天下之货,交易而退,各得其所。"在《淮南子》里,记载了"神农尝百草,治百疾",神农又是中医的发明者。

古巴比伦的历史学家拜罗斯在他的著作中曾说过,远古的时候,一位名叫奥安奈斯的人定期出现在人们那里,向他们"传授文字,教给他们各种技术。教他们建筑城市,建筑寺院,制定法律,讲解几何学定理"。

在非洲很多土语中,星星(star)这个词,代表的意思是"带来知识和启蒙的人"。

在早期基督教经典《爱诺克书》中,也有向人们传授知识的神奇人物的故事:"阿扎赛尔教给人们大刀、小刀、盾牌、甲胄等东西的制造方法,教他们看背后的方法。巴拉凯亚尔教他们观测星辰,克卡拜尔教识别符号,台姆汗尔教观测星象,阿斯拉蒂尔教人们认识月亮的运动。"

在古代秘鲁的神话中说,有一位名叫拉科奇亚的天神,他从太阳来到地球,传授给了人类天文地理等多方面的知识。

哥伦比亚布恰印第安人的神话说,当人类被创造后什么也不知道,有一天来了一位天神,传给当地人一些实用知识。

在墨西哥的神话中,也有一位天神突然从东方出现,教给当地人法律、医学和种植玉米的技术,后来他乘着"蛇形筏"杳然而去。

日本北海道有一种很奇怪的白色人种，被称为阿依奴人，他们有一则神话说："智慧之神曾降临北海道，他驾着闪亮的飞船，白天呈银灰色，夜间却是火红的，当飞船升空，发出雷鸣般的巨响。"这位智慧之神在人间停留了几个春夏秋冬，教给人们务农、做工、艺术和智慧。

以上这些上古神话和相关记载，告诉我们一个事实：人类的文明起源于"神"的教育。

在这里，"神"为何物？我们知道，他们就是来自天狼 B3 星的高智慧生物。是他们来到地球，在成功改造了地球生物，创造出新的人类之后，并没有满足已有成就，而是开化、发掘人类已具备的智慧潜力，指教、辅导他们掌握各种知识和技能。尽管这个过程十分艰难，但外星人还是表现出极大的耐心，不厌其烦，循序渐进。因为可以想象，在人类的初期，大脑的智力还没有完全被开发，不可能接受高深的理论。因此，人类最初接受的教育，主要是一些实用技术和常用的知识。

外星人通过遗传、灌输、示范等办法对人类传授种种知识与技能，人们唯命是从，虚心好学，进步很快。那些率先开化的人成了"神"的代理人，又去教化更多的人。因此，人类的实用技术和科技水平有了一个突飞猛进的发展。有了文字以后，这一过程记载为神话教义和宗教传统。

我们现在研究古代文明遗存，最大的困惑是感觉文明发展的反差和反常现象。归纳起来，主要显现为两大困惑：

一是知识水平与智力水平相脱节。史前不少文明遗迹，包含着极高的知识水平,像玛雅人留下的历法和计算、古埃及的金字塔、中国古老的中医等,无一不是高超智慧的结晶。但从人类发展史来看,当时的人类智力应处于十分低下的新石器阶段,应该是处于刀耕火种、结绳计数的原始时代。

二是应用技术与理论研究相背离。从现在发现的史前文明遗迹看,这些遗迹中体现了很高的技术水平,像中美洲提亚瓦纳科城的石雕,体现了很高的几何图形的切割磨削技术;玛雅金字塔坛庙的设计、埃及金字塔的石块搬运和堆砌,需要高超的技艺;还有中国的中医经络、针灸、中草药治病问题,拥有完整准确的医术。但相对的理论研究却没有找到,没有一种文字和传说可以告诉我们当时的天文学、几何学、建筑学、机械制造和中医中药等理论依据。按当时的社会发展,这些理论是不可能出现的。因此,史前文明存在着严重的应用技术与理论研究相背离的现象。

现在我们可以理解了,由于有了外星高智慧生物的直接参与,人类智慧和科技水平发生了一个质的飞跃,使地球人类文明出现了一个不可思议的突变期。在距今大约1.2万年至1.7万年的时候,人类突然变得聪明起来。精美的磨制石器、原始农业、畜牧业、酿造业、烧陶业、冶金业、天文学、数学等就好像一夜之间冒了出来。这就是因为有了这段"人神共处"的时期,也就是外星人创造新人类后的"黄金时代"啊!

这段时期的文明发展究竟到了什么程度?尽管时代久远,但事实还是给了我们一个较为清晰的脉络。我在这里试图举几个事例加以说明：

地理、航海 外星人创造地球人类后，第一件事就是要将他们分派到全球各地去繁衍生息。要教会他们懂得地理知识和学会造船、驾船和航海。在外星人的帮助下，人类绘制了各大洲地形地貌和航海图。这样推断有证据吗？

在土耳其伊斯坦布尔的塞拉伊图书馆，有一张用羊皮纸绘制的航海地图，地图上有1513年土耳其海军上将皮里·赖斯的签名。当然这张图是一件复制品，但很精美，是从他祖上传下来的。这张图上准确地画着大西洋两岸的轮廓，北美和南美的地理位置也准确无误，特别是将南美洲的亚马逊河、委内瑞拉的合恩角等地方标注得十分准确。更令人惊叹不已的是，这张图上竟然十分清楚地画出了整个南极洲的轮廓，而且还画出了现在已经被几千米厚的冰层覆盖下的南极大陆两侧的海岸线和南极山脉！南极洲公认是1818年才被发现的，而且南极大陆被冰层覆盖是在一万年之前。不是在一万年以前是不可能绘制出这样的地图的。而据我们已知的人类历史，单靠原始人也是不可能绘制出这样的地图。因为直到1952年，美国海军利用先进的声呐探测技术，才发现了覆盖在厚厚冰层之下的南极山脉。将探测结果与皮里·赖斯的地图相对照，两者竟然基本相同！

此外还有1531年发现的奥隆丘斯·弗纳尤斯的一张古地图，其东部海岸反映了1万多年前的地貌。1559年发现的土耳其地图，上面标明西伯利亚和阿拉斯加几乎是连着的。

这种情景只能是在 1 万多年以前。

这些地图只能解释为是在外星人的指导下绘制的，是外星人教导人类懂得了当时的地理和航海。

冶金、铸造 1965 年，在我国湖北江陵发掘的一号楚墓中，发现了一把奇特的剑，此剑长 55.7 厘米、宽 4.6 厘米。剑刃依然锋利。剑身饰满黑色菱形几何暗花纹，剑格正面和反

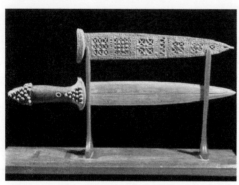

文物青铜剑

面分别用蓝色琉璃和绿松石镶嵌成美丽的纹饰。剑身一面近格处刻有鸟篆铭文 "越王勾践自用"字样。人们不解：即使是越王勾践的剑，也已埋藏 2000 多年，即使是青

铜也会生铜锈，它为什么没有锈蚀呢？1977 年 12 月，上海复旦大学静电加速器实验室的专家们与中国科学院上海原子核研究所活化分析组一道采用质子 X 荧光非真空分析法对越王勾践剑进行了无损科学检测，做出了剑身青铜合金分配比的准确数据表。它表明该剑是由铜、锡以及少量的铝、铁、镍、硫组成的青铜合金。剑身的黑色菱形花纹是经过硫化处理的，剑刃的精磨技艺水平可同现代精密磨床上生产出来的产品相媲美。宝剑的尾部是圆锥体、锥体中空，内有极其规整的 11 个同心圆。这样的形状，即使现在使用现代车床技术都

很难做到。最让人惊叹的是它的硫化处理技术。后来许多仿制"越王勾践剑"的商家和个人，在经过无数次的对比后发现，最接近原剑的处理是硫化铬。可是"硫化铬"的技术是德国于1937年、美国于1950年才发明的，并且申请了专利。

像这样不可思议的技术成果并不止一例。文物专家袁仲一在《秦始皇陵兵马俑研究》中有这样一句话："一号兵马俑坑T2第十一过洞的一把青铜剑，出土时因被陶俑碎片压倒而弯曲，当把陶俑碎片拿掉后，剑立即反弹恢复平直。"这就说明这把剑有"记忆金属"的性质，又叫形状记忆合金。这项技术最早出现于20世纪70年代的世界材料科学中。如果没有外星人的指导，古人怎么能够掌握这些高超的冶炼和铸造技术的呢？

中医学、脑外科学　中医学是人类医疗科学中的瑰宝。中医治病的原理与现代西医治疗的原理是两个范畴的东西。概括地说，西医治病的凭据是"实"的，五脏六腑，病变在何处，用仪器检测。有病菌就用抗生素杀灭，有肿瘤或坏死组织就用手术刀切除。而中医治病，给人的感觉，凭据是"虚"的。它讲的是经络、阴阳、虚旺。主要凭借调阴阳养精气来解决病症问题。通俗地说，西医研究的是看得到的"显性"的东西，中医研究的则是看不到的"隐性"的东西。中医从何而来？谁也说不清楚。

我们中华民族几千年来，以《黄帝内经》等医学经典为代表的中医知识和医术代代相传，非常管用。中医非常熟知的经络系统,现代科学并不能证实它存在的实体结构是什么样子。中医强调的阴阳,更是玄而又玄,而且贯穿养生和医疗始终,到了生理病理无所不包、无所不能的境地。

《全本黄帝内经》

一部《黄帝内经》,162 篇中有 140 篇讲到了阴阳关系问题,整部书涉及阴阳的词语就有3000 多个。可以说,没有阴阳,就没有中医。中医认为,在阴阳诸多关系中,平衡是最高法则,失衡则百病生。《黄帝内经》中有许多记载:"谨察阴阳所在而调之,以平为期。""阳病治阴,阴病治阳,定其气血,各守其乡。"阴阳理论是这样的精当和管用。而创立这套理论的人是谁,真的无从考究。就凭这两个字的科学性和深奥性,已经远远超出其他学科的发展水平。人类只能像一只学舌的鹦鹉,几千年来只能做到承袭和运用,并没有真正搞清楚这两个字的含义。中医这种不可知、不可证的特点,只有一个解释,那就是在远古的史前社会,就由外而内地向人类灌输了这一套精深的理论和医术。

现代医学中的脑外科学是近代很晚才发展和完善起来的,这门医术堪称是医学皇冠上的明珠。据《史记·扁鹊仓公列传》记载,扁鹊是中国古代很早时期的名医,具体在什么年代不得而知。此人医术极高，"割皮解肌，诀脉结筋，搦髓脑……湔浣肠胃，漱涤五脏，练精易形"，简直无所不能，其中"搦髓脑"指的就是做开颅手术。

从考古发现，早在石器时代就有进行脑外科手术的证据。1865年，在法国发现一片圆形头盖骨，经解剖学家鉴定有新石器时代的脑外科手术的痕迹。以后又在世界多处发现了数百件颅骨证据。1995年，在山东广饶傅家大汶口文化遗址392号墓中，发现距今5000年以上的一成年男子的头骨上有一个圆洞，经考古学家和医学专家认定，此人做过开颅手术，而且手术是成功的，手术后病人至少又活了两年的时间。

这些超前于人类文明历史发展水平的医术是从哪里来的，如果没有由外而内的灌输和干预，这一切可能做到吗？

建筑、雕刻和绘画 史前人类留下来的建筑遗迹、雕刻和绘画遗存，分布于世界各地，是使当代人们最不可思议和引发遐想的历史悬疑。

位于墨西哥东南部的特奥蒂瓦坎古城，实际上是一个规模宏伟的远古建筑群。巨大的石块砌成的围墙，雄伟的城门，石砌的平台构成格局严整而宏伟的城池。城中的大道宽阔庄严，道路两侧布满建筑。其中左侧是阶层式的亚卡帕那金字塔，右侧是卡拉萨亚平台建筑。仅从建筑遗迹的恢弘和它构造的严谨就足以使人产生对它的神秘感和敬畏感。它应是远古时期在外星人指导下建造的一个城市样板。

位于巴基斯坦境内的摩亨佐—达罗古城是人类文明发

墨西哥特奥蒂瓦坎古城遗址

源地之一的印度河流域文明最大的城市遗址。当人们发现这座距今 5000 多年的城市遗址时，十分惊讶。摩亨佐—达罗古城的上部建筑虽已荡然无存，但城基、房基保存完好，其中街道、水渠历历可见。城址呈长方形，占地 7.77 平方公里，估计当时居民约有3.5 万人。城墙、公共建筑和部分路面、上下水道，都用煅烧的砖制成，是一座地地道道的砖城，这有别于同时期各地常见的土城和石城。可见其建筑材料已非取自天然而是人为制造。

位于地中海克里特岛上的米诺斯人，

印度摩亨佐—达罗古城遗址

在 4000 多年前创造了辉煌的米诺斯文明。当英国考古学家艾文斯爵士在 20 世纪初叶，把米诺斯首都诺瑟斯的遗址发掘出来时,这座庞大的建筑物的发现成为当时轰动一时的新闻。诺瑟斯古城堡属多层建筑结构,其中有好几层在地下。其建造之奇,藏品之丰,为世人惊叹。墙上还有以海洋生物、雄壮公牛、舞蹈女郎和杂技演员为题材的色彩艳丽的壁画。

位于中东的美索不达米亚地区的尼尼微古城,被考古学家们视为文物的"富矿带"。公元前 7 世纪曾是亚述帝国的首都。尼尼微城宫殿里的巨型浮雕记载了人类神秘而辉煌的过去。当时的国王辛赫那布修建了一座精美的"盖世无双王宫",王宫里有一处浮雕长度达 3000 米。

在世界文明发源之一的非洲,有许多史前原始岩画。这些岩画精美绝伦,分布极广。如阿尔及利亚、埃塞俄比亚、莫桑比克、肯尼亚等国家都有这种原始的艺术作品被保留下来,数量多,流传广。

早在 1721 年,一个葡萄牙旅游团偶然在莫桑比克的岩壁上发现了一幅画着动物的岩画。随后又在多处发现了类似岩画。1956 年,据法国探险队考证, 从委内瑞拉

距今一万年前的岩画

到莫桑比克这片广阔的地区,发现了 1 万多幅岩画作品。内容涉及鸵鸟、牛羊群、武士人物、祭祀、娱乐等。既有丰富的内容,又有相当复杂的表现形式和手法。其中还有些画着巨大圆脑袋的人像,他们的服饰非常厚重笨拙,除了两只眼睛,脸上什么也没有。人类发明了宇宙飞船以后才明白这些画的意思,现在的宇航员穿上宇航服、戴上帽子后,与那些圆头人像有着惊人的相似。究竟是谁创作了这些非洲原始岩画呢? 23 年后,科学家又对这些岩画进行了考察,结果发现,在画中记载的大都是 1 万年以前的景象。

　　以上列举的这些建筑、雕刻和绘画遗迹遗存,只是众多不可思议或存在争议的远古遗迹遗存的一小部分。这些遗迹遗存,现在来推断,有的可能是外星人在所谓"人神相杂"的"黄金时代"参与建造的,有的则是可能是古人类承袭了外星人传授的技艺而建造的传世杰作。

刻着外星人头像的岩画

　　人类远古"黄金时代"所创造的辉煌,值得现代人类好好地去追寻。

② 留下标记

我们已经推知，天狼 B3 星是比地球文明发展早得多也发达得多的外星人的故乡。他们在茫茫宇宙寻同类、找寄托，成功地找到了太阳系的老三——地球，成功地考察和部分适应了地球环境。并成功地在地球上创造出了他们的生命延续体——人类，经过反复试验直到稳定后，外星人帮助人类分布到了世界各个大陆和半岛、岛屿，让他们在那里繁衍生息。外星人传授了许多知识和技能给人类，使人类不但度过最初的生活困难期，而且文明程度得到了突飞猛进的发展，文明素质得到了日新月异的跃升。在人口迅速增加的同时，生产和生活资料在短缺中得到补充，在需求中不断扩展品种和提升品质。所以，数千年后，人们凭着模糊的记忆和零星的记载，把这一时期称为"黄金时代"。可见人们对这一时期的留念。

应当说在这一时期，外星人对地球人类是倾注了满腔心血的，因为他们是把改造和教化地球人类当成是他们生命延续的事业来办的。之所以会这样，除了出于生物要发展和延续自己种族的本能欲望外，更重要的是——他们有加快这一进程的紧迫感。

让我们来看看，"天神"、"仙女"的家乡——天狼 B3 星上到底发生了什么？

我们知道，天狼星 A 是一个体积和质量都比太阳大的恒星。它的年龄只有 30 亿年，比太阳年轻很多，处于主星序期。可是天狼伴星即天狼星 B 却是一个进入老年阶段的恒星，它的热核反应较快，现在已经走完了它的主星序阶段，经过了一段较短时期的红巨星爆发阶段，已经进入了白矮星阶段。而当初的变化就发生在距今大约 1 万~2 万年之间。

大约 2 万年前，生活在围绕天狼星 B 运行的第三颗行星即天狼 B3 星上的高智慧生物，知道他们赖以生存的"太阳"——天狼星 B 即将走完它生命的稳定期——主星序期，很快就要进入红巨星阶段了。届时，天狼星 B 的中心温度将急剧升高，体积将急剧膨胀，虽然其表面温度会相对较低，但会向外面辐射出更大的能量。这对生活在围绕其运行的第三颗行星上的高智慧生物来说，是绝对受不了的。他们将面临种族灭绝的危险！在这种情况下，天狼星 B3 星的高智慧生物利用已经掌握的航天技术和其他高科技手段，在茫茫宇宙（确切地说是在银河系）寻找他们可以落户的地方。他们的首选对象当然是其近邻天狼星 A 和天狼星 C（天狼星系是一个三元星系）。这两颗恒星与他们所处的星球相距都只有 1800 亿公里左右。他们首先物色了天狼星 C，天狼星 C 虽然个子小（天文学家用哈勃太空望远镜和其他现代仪器测知，天狼星 C 的质量不到太阳的 1/10），可巧它有一个行星，可惜它的个头太小（同月亮差不多大），经受不起宇宙射线和小天体的袭扰,不适合他们迁居其上。于是他们把眼光转向天狼星 A。在比较了整个行星系后,他们发现,天狼星 A 第 4 个行星竟能够适合他们生存。我们姑且把这颗行星叫天狼 A4 星。天狼 B3 星人在准备迁居天狼 A4 星的同时,决定还要去寻找更好的地方。于是,他们放开眼界,寻找到并不太遥远的太阳系竟然有一个非常适合生物生存(包括动物植物)的地球。来到地球才发现这里的生存环境并不适宜他们自然生存。他们无法脱下厚厚的宇航服,而只能找到合适的生物载体,以另一种形式来延续他们的生命和种族。这就是他们来到地球、改造并教化地球人类的原因。所以,从这个意义上说,我们现代人类实际上是天狼 B3 星人的后代!

就像直到现在人类都保留着不忘老祖宗、祭拜老祖宗的习惯一样,天狼 B3 星人在创造了新的地球生物——我们新的人类之后,除了传授生产生活知识技能,很重要的一个活动就是教会他们尊敬祖宗,崇拜祖宗。于是,天狼 B3 星人画好图样,选好地址,首先教导他们的代理人——那些以后被人们称为“超人”或“神人”的人理解和掌握这些图样,然后运用他们先进的生产和建筑技术,去指导人类造出了很多诸如埃及金字塔、普玛彭古祭坛、玛雅人的平顶金字塔、英国的巨石阵、墨西哥奥尔梅克石像群、太平洋复活节岛的石像群、津巴布韦的石头城等建筑。这些建筑和流行于当时的祭神文化相结合,达到一个目的,就是使人类畏惧天威,不忘祖恩,统一信仰,协力同心,不发生或少发生纷争。同时,天狼 B3 星人为了给自己星球本土上的人以后能够大规模迁移地球,指挥人类在地球上铺设了不少标识性建筑。如秘鲁安第斯山上的纳斯卡地线、法国布列塔尼半岛上的巨石阵等,都是天狼 B3 星人为了方便往返地球所做的天空可见的标识物。

然而,一场突如其来的大洪水,给已经比较发达和文明的人类带来毁灭性的摧残,也将天狼 B3 星人精心创建的、史前地球人类辛辛苦苦学习和积累起来的第一次文明成果几乎荡涤殆尽。——这也可能是促使天狼 B3 星人放弃了对地球作大规模迁移计划的原因之一,因为这样的大洪水对他们来说,也是十分可怕的。

在这场大洪水后,地处平原和发达地区的、掌握了先进知识和技能的人几乎不存在了。人类曾经辉煌的第一次文明就此中断。而那些"从高山上下来的牧羊人",也就是相对蒙昧落后的人在地球上重新繁衍,重建文明。但他们毕竟没有得到好的教育和技能传授,他们没有能力将第一代文明完全继承下来。虽然人类在遗传基因里还保存着原有的思维系统和智慧因素,其中一些能人在某种情况下偶尔也会有超群脱俗的智慧灵光

法国卡纳克石柱群

闪现,但从整体上来说属于重新开始,从头再来。

新一代的文明,也就是我们现在所公认的人类文明只得从距今 6000 年的时候算起。而在此之前的人类在天狼 B3 星人所帮助和指导下建设起来的那些标志性建筑遗迹,就只能成为当今人类百思不得其解的未解之谜了。而那些经过后人反复加工又经过漫长岁月流传的典籍和神话,更成了荒诞不经、无法理解或不可当真的东西了。

为什么天狼 B3 星人后来没有大规模迁移到地球?可能是由于以下几个原因:

一是地球环境从根本上说不适合天狼 B3 星人生存,他们是由另外一种能量维持生命的。

二是 8.7 光年的距离毕竟不算短,即使以接近光速运动,往返一次也要十多二十年。(美国"旅行者 2 号"飞船,要在大约 29.6 万年后才能到达天狼星系。)

三是他们在邻近的天狼星 A4 的行星上找到了可以落户的办法,因此不必舍近求远了。以后本书阐述的外星人,就设定为来自于天狼 A4 星。

可是,地球人类不但遭到突如其来的大洪水的灭顶之灾,又感觉遭到了天狼星人的抛弃,就把大洪水的罪责归结到这该死的天狼星的头上。人们诅咒天狼星是"灾祸之星",是"主凶之星",或者是"暴君之星"。中国古代大文学家屈原在他的《楚辞·九歌》中就有这样的诗句:

"举长矢兮射天狼,操余弧兮反沦降。"

西北望 射天狼

他用"射天狼"来比喻诛恶除暴。

宋代诗人苏东坡也填了一首脍炙人口的词《江城子·密州出猎》，其中有一名句：

"西北望，射天狼。"

东坡先生用这样的词来表达对外敌入侵的愤慨。

其实，人们可能大大地冤枉天狼星以及它的家族成员了。

第八章
长久牵挂

★**天外来客** 人类第一个登上月球的美国宇航员阿姆斯特朗发现月球上有比他们的登月舱大得多的"宇宙船"。外星人有可能把月球作为他们的中转站。他们暂时不会伤害人类，也不会侵占地球。他们传承先祖的遗愿，还在关注着地球。

★**拯救行动** 地球曾遭受多次小天体的袭击，几次面临大劫难。人类应该庆幸的是，1908年的俄罗斯通古斯大爆炸，外星人用自己的飞船舍身拦截了小天体的碰撞，避免了人类遭受一次大灾难。

★**亲善友好** 大量的事实说明，外星人对地球人类是亲善友好的。外星人在第二次世界大战中观战而不参与。他们阻止了1986年切尔诺贝利核电站爆炸。他们救援了困境中的珠穆朗玛峰日本登山队员。他们试图保护和教化人类。

1 天外来客

第一个实现太空漫步
的前苏联宇航员列昂诺夫

1966 年 12 月 21 日上
午 7 时 56 分，美国"阿波罗
登月计划"中的"阿波罗 8
号"飞船，从肯尼迪宇航中
心升空，踏上飞向月球的旅
程。飞船上三名宇航员弗拉
克·鲍曼、詹姆斯·拉佩尔和
威·恩道达斯是人类有史以
来第一次进入绕月飞行轨
道，成为最早用肉眼观察月

球背面的人。他们利用近月环绕飞行的条件，用相机拍摄下
大量的照片，寻找着将来在月球上着陆的地点。这时，出乎他
们意料之外的事情发生了：在他们带望远镜的照相机的镜头
中，以及在他们拍摄的照片中，出现了不明飞行物即 UFO 的
身影！而且它的个头是那么大，从距离和参照物来分析，这艘
UFO 估计直径有 10 千米。如果人站在旁边，渺小得几乎可以
忽略不计，因为它相当于一个城镇那么大。当"阿波罗 8 号"
再一次飞行到月球背后的时候，宇航员们准备再一次对它进
行拍照。可是，这个巨大的物体已经消失得无影无踪，连一点

着陆的痕迹都没有留下。

1969 年 7 月 20 日，美国"阿波罗 11 号"宇宙飞船第一次在月球表面降落，人类实现了成功登月。宇航员尼尔·阿姆斯特朗成为第一个登上月球的地球人。随后登上月球的人是奥尔德林。阿姆斯特朗这时同休斯敦指挥中心进行了对话联系，通过无线电波传来了阿姆斯特朗早已准备好了的几句话："当我踏上月球的这一刻，对我个人来说是一小步，但却是人类的一大步……"说着说着，阿姆斯特朗突然惊讶地说："天啊，这里有别的宇宙飞船！他们大得惊人！……"接着无线电讯号戛然而止。美国宇航局没有解释阿姆斯特朗到底看到了什么。据阿姆斯特朗回到地球上多年以后回忆起这件事时，他说："我们在月球上受到警告，他们要求我们离开这儿。他们的宇宙飞船停在月坑的旁边，在大小和技术方面简直领先得我们没法和他们相比。"

阿姆斯特朗在月球

瑞典科学杂志《莱顿》也曾报道前苏联宇宙飞船在月球背面发现一个 UFO 基地和一个由形状奇特的建筑群组成的城市。克里姆林宫的决策者在分析了收集到的照片和数据后,决定不发表这些惊人的发现。

科学家分析,月球上很可能建有外星人的大本营,月球是外星人往来于他们母星与地球之间的中转站。美苏两国当时是在政治上、经济上、军事上激烈竞争的两个对手,两国在发现 UFO 和外星人活动上互相保密,秘而不宣。但是,他们几乎同时对外宣布停止实施登月计划或月球考察计划,并且在建立国际空间站等问题上转而采取了友好合作的态度。

外星人会侵占地球、伤害人类吗?从历史的渊源,现实的情况,我们不能得出他们会侵占地球、伤害人类的结论。假如我们前面推定的天狼 B3 星人还在关注着我们,或者还在呵护着我们,就更不会发生这样的事了。当然,如果我们地球人类做出自我相残或者危及地球的事来,他们可能就不会袖手旁观了。

时间过去了 1 万多年,原来的天狼 B3 星人已经不复存在了。因为天狼星 B 经过 2 万多年的演变,已经变成了白矮星,其行星天狼 B3 星也"昨是而今非"了。他们早已在邻近的天狼星 A 的第 4 颗行星上建立了自己新的家园。其间数千年间,他们无暇顾及地球上的远亲,也失落了部分原先对地球人施以教化及沟通的文化。就像我们地球人类遭受大洪水浩劫的前后文明发展差别一样,他们也经历了几乎脱胎换骨浴火重生的一个时期。但他们整体上保持着与地球人类文明不知先进多少倍的文明优势。在他们的灵魂深处还镌刻着地球人类是他们的后裔或者远亲的印象。

现在,我们或许应该把外星人改称为天狼 A4 星人。

近百年来,关于 UFO 的目击报道基本没有间断,而且有那么多的真凭实据。任何一个尊重事实的人都不可能无视它的客观存在。甚至有人还初步总结出他们的活动规律:他们到地球的活动周期是 5 年零 1 个月,即 61 个月左右。每隔五年零一个月,便会出现一次他们的活动高峰。不管这是否是一个规律,外星人频繁光顾地球这是一个不争的事实。

他们为什么关注地球?因为他们是天狼 A4 星人。他们关注地球命运就是在继续着他们祖先未竟的事业。

对天狼 A4 星人来说,天狼 B3 星人就是他们的"祖神"。祖上的典籍中留下了大量关于地球方位和地球人的记载,祖训中也有明确地记载了对地球人不能伤害的戒条。或许还有他们先祖留下的类似《圣经》《山海经》的典籍中写着关于史前那段美好而又带着悲壮色彩的地球经历故事。受着先祖的指引,他们会不惜成本,把关心和关注地球当作一件神圣的事业来做。

或许,天外来客是友好之客、人类福音?

2　拯救行动

宇宙间有许多穿行的流星,太阳系里除了有彗星,还有一些行踪不定的星际物质。大量的陨星和宇宙物质已把月球砸得伤痕累累,地球遭受陨星和宇宙物质的袭扰一点也不比月球少。事实上,地球曾遭受过很多小天体的袭击,甚至几次面临大劫难。6500 万年前一颗小行星撞击地球,造成了恐龙的灭绝。1 万年前的大洪水事件,天体间的异动造成了人类的灭顶之灾。有很多次大陨石的撞击,给地球和地球生物造成了程度不等的伤害。例如南极洲的威尔克斯兰德陨石坑,直径 240 公里;中国内蒙古与河北交界处的多伦陨石坑,直径 170 公里;俄罗斯西伯利亚的波尔盖陨石坑,直径也在 100 公里以上。虽然这些陨石坑年代久远,但能砸出这么大的陨石坑,其威力和造成的后果可想而知。

进入 20 世纪之初,在地球的北端发生了一次令人惊恐的事件。这次事件被当地人妖魔化,而其他地区的人们或许已经把它淡忘了。但是这个事件很有可能是一次关系到人类生死存亡的惊天大事!

1908 年 6 月 30 日清晨 7 时 17 分,在俄罗斯远东西伯利亚森林的通古斯河畔,突然,一个火球从空中划过,半空出现了强烈的白光,接着爆发出一声巨响,巨大的蘑菇云腾空而起,空气瞬间白热化。世界上大部分地震站都测到了地球的震动。在离震中五百五十英里外的伊尔库茨克,地震仪上的指针晃动了近一小时。地磁仪也受到明显干扰。远在 1000 多公里的地区都听到了爆炸声。它使爆炸中心地区有 800 万株大树倒下,一群群驯鹿被瞬间毙亡。远处的放牧人被连人带帐篷掀入空中。爆炸的能量相当于 1000 万吨 NTN 炸药,或 1000 颗广岛原子弹爆炸造成的破坏力。

　　离爆炸地较远的幸存下来的当地人 10 多年中都一直惊恐于这次爆炸的情形,不敢前往被炸毁的地区。直到 1921 年,苏联专家库力克教授才在目击者中收集情况,他筹集了一笔资金,要对该地区进行科学考察,但当地人都不愿做向导,因为他们认为这是恶魔造成的灾难。在库力克等人的努力下,苏联科学院于 1927 年派出探险队赴通古斯地区考察。人们原以为会找到一个巨大的陨石坑。结果在那里附近挖了又钻,却没有发现一丝一毫的残存物。两年后,考察队用改进后的技术,进行了更大范围的挖掘,挖了一百一十八英尺也

通古斯大爆炸 20 多年后的场景

没有发现一星半点的陨石物质。

考察队发现，爆炸中心半径 120 多公里内，树木齐刷刷地倒伏，树木无梢，越靠近树梢的地方越炭化得厉害，很多树干光秃秃的，像电线杆一样。1961 年和 1963 年，苏联科学院又先后两次派出科学考察队前往通古斯地区。这支科学家队伍具有最现代化的技术装备。他们排除了彗星陨石说、小行星说、激光通讯说等假设，断定这次爆炸是核爆炸。因为树木只有在突遇的高温高压下才会瞬间炭化，而要达到每平方厘米 70~100 卡路里能量的光辐射和足够大的压力，只有核爆炸才能产生这样大的威力。从爆炸中心及其周围地区的核辐射测定也证明了这一点，其中心四周 200 多公里的核辐射残留量是别的地方的数倍，即使是多年后对树木年轮的测定，也证明了核辐射残留的存在。

那个时候，人类还没有研制出原子弹。人类第一颗原子弹是在 1945 年才试爆成功。什么东西会有威力这么大的核爆炸呢？

很有可能，这次爆炸是天狼 A4 星人对正在撞向地球的一个小天体实施了拦截行为所致。就像后来在"两伊"战争中人们使用的用爱国者导弹拦截飞毛腿导弹，使两者在空中爆炸，不使其击中地面目标一样，是天狼 A4 星人阻止了小天体撞向地面，而将其在空中炸毁。

我们来设想一下当时的情形：

1908 年 6 月的一天，天狼 A4 星人突然发现一颗直径约

2000米的小天体迅速飞向地球,从它的运行轨道来说,很可能会撞上地球!如果该天体进入地球引力轨道,速度会加速到每秒20多公里,如果直接与地球相撞,将爆发出相当于100万个原子弹爆炸的能量。碰撞将在地壳上砸出一个直径数百公里的大坑,扬起的尘土和碎片将遮蔽太阳,巨大的动能将引发一连串地震和火山爆发,并将引起气候的剧烈变化。这对地球人类来说,无疑就是一次毁灭性的打击!造成的后果,可能仅次于6500万年前的那次恐龙灭绝事件。那次恐龙灭绝事件,就是因为一颗直径约12公里的小天体以每秒19公里的速度与地球发生碰撞,产生了大量尘埃和碎片,长期遮蔽了太阳,使地球上靠光合作用的绿色植物死亡,食物链中断,加上气候变冷,恐龙在饥寒交迫中大量死亡。如果不采取措施,恐龙灭绝的悲剧又会在地球重演!尽管这一次程度没有那一次严重,但也足以使地球人类九死一生了。

怎么办?遗传在天狼A4星人生命基因里的本能告诉他们:地球人是他们的后裔或远亲,他们不能坐视不管。

避免这场灾难事件,最好的办法是改变该天体运行轨道,使它与地球擦肩而过。但是,由于距离遥远,他们采取改变该天体运行轨道的办法从时间上已经来不及了。在这刻不容缓的紧急关头,天狼A4星人决定在半空中将它拦截、炸毁。由于小天体直径达2公里,他们没有准备有足够能量的核弹头。因此,他们的第一方案是发射无人驾驶的飞行器,装上足够能量的核爆炸原料去将它击毁,但这一方案成

功的把握性并不很大。于是,他们毅然决然采取了派人驾驶
装了核爆炸原料的飞行器去追击撞击该小天体的方式。小
天体靠近地球的速度越来越快,天狼 A4 星人的飞行器速度
更快。就在小天体快要撞上地球的千钧一发之际,飞船引爆
了核装置,并舍身撞上了小天体,在半空中发生了天崩地裂
的大爆炸。好险啊,爆炸点仅离地面 50 公里。也就是说,如
果天狼 A4 星人的飞行器晚到 2 秒钟,我们地球人类遭受的
可能就是一次万年不遇的大劫难！如果这样,我们就不是现
在享受着优越环境和现代文明的人类了。从这个意义上说,
天狼 A4 星人是我们地球人类的再生父母。

　　当然,这只是一种推论或假设。是否真的如此,有待于今
后验证。

如果小行星撞击地球,将是一场灾难

3 亲善友好

不管你相信不相信,有大量的事实可以证明外星人对地球人类是亲善友好的。

在第二次世界大战中,德国王牌空军和英国皇家空军经常在空中激战厮杀。但是,令交战双方奇怪的是,在空军的生死决战中经常发现有不明飞行物前来观战。这些不明飞行物达到了令人难以置信的飞行速度, 但他们并不参与冲突,不进攻,甚至在被飞机当做敌方攻击时也不还击。

1942 年 3 月 25 日,英国皇家空军战略轰炸机大队在完成了夜袭任务返航时, 在 5000 米的高空发现有一个不明飞行物跟踪着它们,机上人员马上警觉,以为是德国的新式飞机出现,于是,机长索宾斯基下令向它开火。然而,令机组人员感到惊愕地是,那个陌生飞行物尽管被炮火击中,但毫发未损,还是紧紧地跟着飞机,并不还击。炮手们惊慌失措,不知该怎么办,只好停止射击。不明飞行物静静地跟了一阵后,突然升高,以难以置信的速度从飞行员的眼前消失了。索宾斯基和他的同伴们这才长舒了一口气。

1942 年 2 月 26 日,荷兰巡洋舰"号角"号被一个陌生的空中物体连续跟踪了 3 个小时。巡洋舰上的船员说那个物体像一个"铝制圆盘"。这个银灰色的"圆盘"并不攻击巡洋舰,而只是好奇地尾随着它，也不害怕舰上全都向它瞄准的黑洞洞的炮口。荷兰人发现这个奇怪物体并无恶意，于是放弃了开炮的打算。这个"铝制圆盘"为巡洋舰护航 3 个小时后，突然加速升高，消失在空中。

这两个例子说明，外星人一直在关注着地球上发生的一切较大的变动。像第二次世界大战这样的同类互相厮杀，他们当然会非常关注。他们不知道战争的双方为什么要相互攻击，也不知道应该帮助谁。所以他们只能从旁观察，也当不了"和事佬"的角色。显而易见，外星人对人类的军事设施一直是感兴趣的，特别是对核设施。我们再来看两个例子。

1974 年秋季，朝鲜半岛新部署了一批新的导弹装备。导弹部队和空军部队协同严密地监视着海空，防止外敌的侵犯。一天，朝鲜半岛滨城海域浓雾弥漫。上午 10 时左右，一个幽灵般的物体从公海上空迅速飞来，闯入了滨城海岸的警戒系统。不一会儿，基地部队看见那是一个椭圆形的金属物体，发出了红黄两色的光线。进入 650 米范围后，它突然停住了，基地指挥部发现它没有任何标记，立刻断定这是一架怀有敌意的飞行器。第 4 发射台的上尉马上下令发射导弹，一枚苏式导弹立即喷着火光腾空而起，直扑不明飞行物。这时，令人意想不到的情况发生了，导弹不但没击中目标，相反一道白炽的强光准确地击中了运载火箭和弹头，转眼之间就把导弹熔化了。就在这时，那个不明飞行物骤然加速，几秒钟之内便从雷达屏幕上消失了。我们可以想知，如果外星人不是友好和谅解,这次朝鲜半岛遭受的将是不轻的惩罚。

1986 年 4 月 26 日凌晨,前苏联乌克兰切尔诺贝利核电站发生爆炸,当场便夺去了数百人的生命,有 30 多万人受到放射性伤害。爆炸的原因是第四号机组的水冷系统发生故障。反应堆不断产生蒸汽,发电系统却没有启动,大量蒸汽没有宣泄的出口,引发了热能爆炸。反应堆的厂房顶盖被炸飞,大量的放射性物质喷射到高空,造成大面积放射性污染。不幸中,人们还是感到万幸。因为当时在爆炸的第四号反应堆里,共有 180 吨浓缩铀存在,在那种极端危险的环境中,不发生核爆炸的概率微乎其微。如果发生核爆炸,其后果将不堪设想!到底是谁阻止了这次核爆炸的发生呢?据事后苏联《真理报》记者对事件的目击者采访了解到,在切尔诺贝利核电站爆炸期间,许多人目睹到一个飞碟悬浮在核电站的上空。在现场一位名叫米克海·瓦里斯基的救援队员回顾了他的亲眼所见,他说:"爆炸发生后,我们便立即赶到了切尔诺贝利核电站。在那里,我看到一个直径 10 多米的橘红色圆盘慢慢地飘浮到核电站上空,它在离第四反应堆厂

切尔诺贝利核电站爆炸时上空的飞碟

房上空 300 米的地方悬浮停住，接着两道深红色的光射向第四反应堆，过了大约两三分钟，橘红色的光盘突然消失，那个飞行物快速向西北方向飞走，消失了。"

从这两个例子可以推知，外星人是极不愿意看到人类受到伤害的。前一个例子，受到攻击不还手。后一个例子，更有菩萨心肠，很可能是外星人发现了即将发生的核爆炸危险后，通过一种不为人类所知的方法减弱了浓缩铀当时极不稳定的状态，从而阻止了核燃料爆炸的发生，避免了一次可怕的灾难事件。

在日本登山爱好者中还流传着这样一则故事。一次，一支由 3 人组成的日本登山队攀登珠穆朗玛峰。三个人离开营地，准备向着最后的顶峰攀登。没想到他们出发不久，天色忽然大变，气温由原来零下 15 度骤然降到了零下 29 度。漫天风雪，他们不得不艰难地爬到一处较平缓的地方，支起了一个小帐篷，希望能躲过暴风雪的袭击。由于气温太低，慢慢地他们的手脚不听使唤，冻得僵硬，大家非常绝望，都觉得难逃这一劫。过了几个小时，一个队员勉强爬出帐篷，想去看外面的天气。这时，令他吃惊的是，他看到一个大的圆形飞行物悬停在他们的帐篷上空。紧接着，飞行物的舱门打开，从里面飞出一个较小的碟状飞行物，慢慢地降落在帐篷旁边。这时，另外两个队员也从帐篷爬了出来，他们看到从飞碟里面走出了两个类似人的生物，身高不超过 1.2 米，穿着银灰色的衣服，头特别大，有一双又大又绿的眼睛。对方示意登山者登上飞碟,登山队员鬼使神差地登上了飞碟。不久,舱门打开,登山者走出来,发现这里是喜马拉雅山山脚下的一个村落。他们刚离开飞碟,飞碟就悄悄飞走了。当地的尼泊尔人把他们三人送到医院进行治疗,很快恢复了健康。

我们猜想一下,天狼 A4 星人频繁光顾地球,他们究竟想干什么呢?他们既然对人类友好,为何又尽力避免同地球人接触呢?

"麦田圈"在科学界被称为"迪安圈"。因为首先对"麦田圈"进行研究的是英国人迪加多和安德鲁斯。他们在 20 世纪 70 年代就开始对在英国和世界各地出现的麦田圈进行研究。他们认为麦田圈并非人类所为。麦田圈的图案呈现多种多样,有圆形,对称的非对称形、旋涡形、圆锥形、方格阵列等形状,甚至出现了 3D 效果。这些图案,实际上是外星人在向人类传递着某种信息。美国著名太空研究专家理查德·霍格兰(Richard Hoagland)经过大量研究后认为,出现在地球庄稼地里的怪圈很可能来自外星人。理由很简单,我们根本没有这种技术和知识积累来建立麦田怪圈这种多层次交流符号。它表达出来的信息量巨大,我们人类还无法理解。

20 世纪末的一个早晨,位于俄罗斯南方斯塔弗罗波尔的一个村庄的田野里突然出现了几个大大的圆圈,当地居民立即向政府报告。地方官员立即亲自带了测量人员前往调查,结果发现,一共有五个大圆圈,当中一个最大,直径 20 米,其间还有几个大约 20 厘米的小坑。其他几个圆圈直径

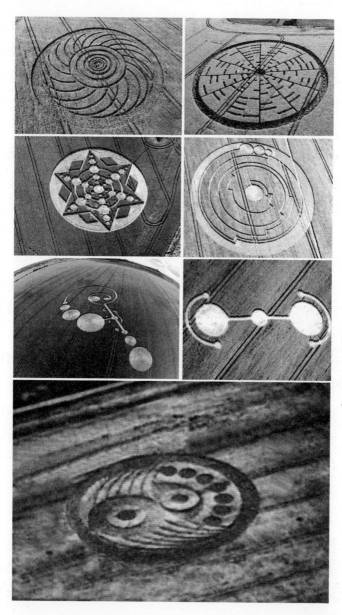

形态各异的麦田怪圈

5~7米。他们认为这不大可能是人类所做,很可能是外星人的杰作。他们向上级报告说,外星人来过这里,他们可能是到田野里获取土壤和庄稼样本。结果俄罗斯电视台的播音员真的在节目中向观众介绍完庄稼地里的几个大圆圈后解释说:"这很可能是外星人来地球考察土壤样本。"

联想到在各地 UFO 的目击报告中,有的说有牛羊失踪,也有报告称有人失踪的情况,我们可以顺理成章地得出这样的推论:

第一,天狼 A4 星人在对地球人类和其他生物的特性、地球的生存环境等进行全面的考察。

第二,他们对人类是友善的,他们的科技发展到了能够穿越太空到地球考察的水平,其文明发展阶段决定了他们不会随意杀戮地球生命。

第三,他们在监护地球,防止人类毁灭和警告人类不要做出可能导致自我毁灭的行为。

第四,他们要回避地球人,他们认为现在还不是与地球人公开交往的时候。因为他们知道,地球人类目前还没有达到能和他们沟通的文明程度。

对于第四点,我们要稍稍展开讨论。

宇宙高级生物和文明的形成演化,需要一个由低到高漫长的过程。大体要经过低级生物—高级生物—智慧生物—超智慧生物若干个阶段。尤其是从高级生物阶段到智慧生物阶段,这是靠自然演化几乎难以逾越的阶段。从高级生物形态到智慧生物形态的关键环节是人脑。人脑不但有巨大的信息存储功能,还能完成极其复杂的思维和产生意识(精神),在意识(精神)的支配下,人能对物质(现象)进行分析、综合、再造、加工等实践,使物质世界(现象)发生变化。同时,新的实践成果又使人脑的思维能力、意识创新能力得到更高的升华。经过长时间的循环往复积累变化,才能使智慧生物达到超智慧生物的阶段。这种由低到高的演化过程,我们称之为"宇宙生物演化长链"。

地球人类从高级生物阶段到智慧生物阶段怎么演化来的,我们在前面已有论及。直到现在人类也只到达了智慧生物阶段的中级阶段。还要经历一个从中级阶段到高级阶段的较为漫长的过程。而从智慧生物高级阶段到超智慧生物阶段,更是一个很难逾越的门槛。以往在地球上进行的"宇宙生物演化长链"的演化过程中,往往经受不住自然灾变对演化长链进展的冲击而遭受挫折。比如今天的地球人依然无法抗拒天灾、地震等自然灾变,所以容易使演化长链中断。而当智慧生物到达高级智慧生物阶段或超智慧生物阶段,他们就能抗拒自然灾变,使演化长链能够继续延伸下

外星人想象图

去,从而完成整个"宇宙生物演化长链"的全过程,达到一个空前自由的王国,或者叫"宇宙人王国"。

天狼 A4 星人就可以被认为是完成了这一"宇宙生物演化长链"、达到了超智慧生物阶段的人。他们的大脑十分发达,他们有能力经受住各类自然灾变,可以进行星际旅行,甚至可以实现星际移民(例如,他们从天

外星人想象图

狼 B3 星转移到天狼 A4 星并以自然形态生存)。而地球人类和天狼 A4 星人目前处于两个不同的演化阶段,二者之间存在着极大的智能差异,也就存在着极大的思维鸿沟和联系障碍。通俗一点说,天狼 A4 星人可以看懂地球人的行为和思维,而地球人却无法看懂天狼 A4 星人的行为和思维。仅这一项巨大的思维鸿沟和联系障碍,就导致了天狼 A4 星人不愿也不能与地球人公开交往。

长久以来,天狼 A4 星人从远古的祖先那里就遗传了对地球人友善的基因。他们一直在关注着我们,也可以说是一直在监护着我们,也一直在试图教化和提示我们。地球人就像是他们眼中的"一类保护动物"或者是"弱智儿童",一方面

要好好保护和加以看管，另一方面要进行教化和诱导，使之向更高程度的文明方向发展。当然，我们不能指望他们现在就给我们传授现代先进核心技术，因为人类目前的思维模式在他们看来也许是危险的。我们只有做出和平友好、崇尚文明、爱护自然的实际行动，才能逐渐取得他们的信任。人类也只能以此作为对天狼 A4 星人为地球人作出种种友善行为的回报。

第九章
迎接回归

★**重拾失落的文明** 远古人类虔诚地修好庙宇,虔诚地祈求"天神"归来。中美洲的玛雅宇宙学、分布于各地的大小金字塔、我国的三星堆文化⋯⋯无一处不是闪耀着远古文明和智慧之光。我们应该从失落的文明中接受教训,迈向真正的文明。

★**保护地球** 我们可爱的地球,生态系统日趋脆弱。臭氧层空洞、温室效应、空气及水的污染、核威胁的存在等等,使人类生存面临严峻的形势。阻止生态环境恶化和防止核战争是人类共同的课题。

★**寻找仙女** 人类一天也没有放弃对"仙女"的追寻。人们费尽心机,试图收到外星人发来的信息,或者发出信息让外星人收到。我国也将成为探索太空奥妙和地外文明的重要力量。

★**跟上仙女的脚步** 人类还处在蹒跚学步的阶段。当今最迫切的行动,就是要跟上"仙女"的脚步。要寻找那些尘封在历史遗迹中的文明密码,发扬和光大人类文明史上真正的文明,要在建设物质文明的同时,注重精神文明的长足进步。让我们共同努力,克服坏毛病,创建新文明。

1 重拾失落的文明

就像仙女传说中的豫章新喻男子仰望天空盼望着仙女早日回家一样,早期的人类时刻盼望着"神仙"的回归。他们十分崇拜带给他们生命的"天神",他们又十分敬畏能够随时给他们降临灾难、掌握着他们生杀予夺大权的"天神"。因此,"祭神"成了远古人类子民最重要最神圣的生活内容。他们怀念大洪水之前那段"人神共处"的美好时光,虔诚地修好庙宇、设好地标恭候着"天神"回来。

玛雅人是一个十分古老的民族。大约距今 1 万年左右,刚刚结束大洪水时代的荒凉,第一批玛雅人就来到拉丁美洲。他们从东方迁移到这片土地,构建了覆盖尤卡坦半岛、危地马拉以及洪都拉斯、墨西哥和萨尔多瓦的部分地区的玛雅

墨西哥奇琴伊察遗址

领地,创造了令人称羡的辉煌。前面我们已有提及,玛雅人有着惊人的数学知识和天文学知识,在建筑、雕刻和绘画上都达到了相当高的水平。他们

还有一个神秘的长历法，5200年为一周期。第四期的起点从公元前3114年8月11日开始，终点为公元2012年12月21日。当这个时

危地马拉蒂卡尔金字塔

期结束后，第五个5200年的循环又开始了。我们有理由相信，玛雅人是从史前文明中得到真传最多、保留文明痕迹也最多的一个古老民族。在他们的精神世界中，最重要的一件事就是建造金字塔，祭拜"天神"。我们可以看到，玛雅领地中的危地马拉蒂卡尔金字塔、特奥蒂瓦坎古城的金字塔，一点也不比埃及大金塔逊色。而且在玛雅人的金字塔的顶端，大多建有平台或小庙，显然是用来祭祀的。

可惜到公元8世纪中叶的时候，不知什么原因这个神奇的民族突然消失了。玛雅文明是一个非常值得我们重视的文明，尤其是玛雅人的宇宙学，它传递给我们的信息是，2012年是一个伟大时代的终结，2013年是一个新时期的开端。这是一个孕育着新变化的时代，"太阳将会在母神的子宫（银河系的中心）中重新出生"。我们现代人类有责任重建玛雅宇宙学，来解释诸多宇宙之迷。

金字塔构造可能是对于外星人来说是最有用处的一个

地面物件。人们现在参观金字塔，都惊叹于它的恢弘雄壮。认为它是法老的陵墓的传统观点，虽然受到越来越多的质疑，但人们还是没有想明白它是做什么用的。金字塔究竟能起什么作用呢？

克里斯多夫·邓恩在金字塔石棺前

长期以来，有众多科学家对埃及大金字塔进行了详细的研究，发现它的位置、结构同宇宙、同地球有密切的关系。有一位研究埃及金字塔的专家克里斯多夫·邓恩(Christopher Dunn)曾经写过一本书，名为《吉萨发电站：古埃及的高科技》，对大金字塔的设计意图进行了严肃的思考，并据此提出了大量的事实依据和推理，推定大金字塔是一个发电站。国王室是发电中心，王后室是用来生产燃料的，北通道是传送电力的，它提供的能量用来发动机器和设备。他的这一思路使我们受到启发：金字塔应该是外星人的"加油站"，是用来为宇宙飞船添加能量的。

地球的能源包括力学的、热能的、电力的、磁力的、核能的和化学的，这些能源有的能够为我们所开发利用，其实更多的还不能为我们所开发利用。但掌握了先进技术的外星人却可以巧妙地开发利用这些能源。而金字塔结构可能就是开发利用这些未知能源的一个很好的载体。比如通过它特殊的结构,可以收集和转化地球震动波、超声波和磁力波。或者以金字塔的特殊结构用来收集和转化来自宇宙的微波甚至光波等能源。我们所看到的胡夫大金字塔,它的国王室是由打磨得非常光滑的含硅石英水晶为主要成分的花岗岩构成,它的斜面和通道都设计得非常精准。它可能就相当于我们现在用来对电动汽车进行充电的充电桩,将收集、放大和已经加工好的能源输送给外星人飞船。

如果我们现代人类能够像外星人一样,研制出类似收集利用地球及宇宙能源的技术和设备,不是一件具有划时代的生态意义的事情吗?

可以肯定的是,现存的许多金字塔、庙宇,包括类似方尖碑结构的建筑物,对人类来说,并没有什么实用价值。因为其中大部分是后人仿造的,而且根本不实用。对于并不实用的东西,为什么古人还要花费大量的人力财力去仿造呢?答案只有一个,这是出于对外星人的崇拜和敬畏。

墨西哥神阁金字塔

这不是愚昧，而是一种文明的表现，尤其是精神世界的文明。可惜，我们现在早已把这种文明失落了。包括玛雅人，他们的后代可能逐渐淡忘了这种崇拜和敬畏，而转向争权夺利，穷兵黩武，各个城邦之间战事不断，致使人口锐减，实力大衰。加上自然灾害、外敌入侵等因素，导致了玛雅文明的消失。

地处我国四川省广汉市南兴镇北部的三星堆文化，也是一处闪耀着远古文明和智慧的证据。这是一个距今有 4000 多年历史的呈亚字形布局的古建筑，从发掘看到的结构和石壁、玉璧、象牙等饰物，初步判断不是墓葬而是宫殿。出土的主要物件是青铜器、金器、玉器等。令人惊奇的是文物所表现出来的文化含义，有的青铜人头像有大而突出的眼睛，有的有千里眼、顺风耳造型，有的呈龙柱形器，有的

青铜神树

文物轮毂

三星堆头像　　三星堆头像

像太阳形器,其中有一个五行轮毂似乎不应是那个年代的产物。尤其是在器物坑中发现了几棵青铜神树,其中最大的一棵,高近 4 米,由树座、主杆和三层树枝组成,每一根枝条上都站立着一只鸟,枝端挂着一颗桃形的果实,树下的底座上塑着 3 个跪着的人像。这棵神树表达了一个通天的主题,表达了人类对远古外星人的深深敬仰。站在这些被誉为世界"第九大奇迹"的古文物面前,我们感受到了一个高度发达的早期蜀王国文明的无穷魅力。

　　类似的失落的文明,我们还可以看到多处。例如:印度的摩亨佐—达罗文明、地中海克里特岛上的米诺斯文明、古希腊的迈锡尼文明、墨西哥图斯特拉的奥尔梅克文明、中东美索不达米亚的苏美尔文明、秘鲁的印加文明、我国新疆塔克拉玛干的尼雅文明等等。这些文明遗迹,当年是何等辉煌,辉煌到连考古学家都感到不可思议。但后来又为何在突然间消失了呢?原因固然有多种多样,但有一点共同的东西应该给我们以启发:这些文明遗迹的后人淡忘了自己民族厚重的文化积淀,对宇宙、对大自然和"神"(这里指崇高的精神依托)缺少了敬畏感,忽视了精神方面的修炼与提高,或穷兵黩武、或竭泽而渔造成人力物力的过快消耗和环境的迅速恶化。

　　现在,是到了应该好好反思,从失落的文明中接受教训,向着真正的文明迈进的时候了。

2 保护地球

宇航员拍摄的地球照片

宇航员从月球上看地球，它是一个蔚蓝色的球体，这就是人类的美丽家园。远望这个星球，此时在他们的心中，一定会涌起一种从未有过的对地球的强烈依恋感。投入地球温暖的怀抱，就是他们最大的幸福。人类生活在地球母亲的多重保护之中。可是我们大多数人对这种无处不在的多重保护毫无觉察，甚至在无节制地糟蹋着这些保护要素，恣意去破坏它和损伤它。

要知道，岩石圈、土圈、水圈、大气圈是我们地球的四宝。就是因为有了这四圈，才构成了我们人类乃至地球所有生物的一个良好生存环境。

岩石给了我们坚实的大地，封锁了地心滚烫的岩浆，防止火山频繁爆发。

土壤是植物和动物的母亲，它滋养着花草树木，提供动物的食物来源，而且是地球的胃，它消化着动植物的尸体，把数不尽的垃圾化为肥料。

水是生命之源，各种生命都离不开水。涓涓的溪水、奔腾的江河、平静的湖泊、浩瀚的海洋、飘浮的云朵、封冻的冰雪……这一切组成了地球的水圈，哪个环节出了问题，生命都将受到威胁。

大气更是地球生命的保护神，地球大气中含有70%的氮、21%的氧、0.9%的氩、0.03%的二氧化碳，此外还有0.07%的水汽和其他微量物质。正是有了地球大气，人类和各种生物才能呼吸，进行着生命的新陈代谢。

大气还是地球的盔甲。成千上万的陨星和宇宙物质从天而降，把月球砸得伤痕累累，而当这些陨星和宇宙物质向地球袭来时，由于有大气层的保护，大部分化作美丽的流星。只有极少数落到地面，其动能也已经大为衰减。

对地球生物来说，这"四圈"不但缺一不可，而且性状还不能发生大的变化，循环还不能有所中断。否则，人类和生物就面临危险了。"四圈"齐全，正是地球区别于金、木、水、火、土五大太阳系行星和其他星球的主要标志。但是，现如今，"四圈"受到了越来越多的挑战，人类赖以生存的生态系统日趋脆弱。

为什么金星那么热？它的表面温度达到465℃。就是因为它的大气中98%是二氧化碳。二氧化碳造成的温室效应使金星越来越热，使生物无法在那里生存。地球上的二氧化碳参与动植物的代谢循环，大体保持着生消的动态平衡。可是自

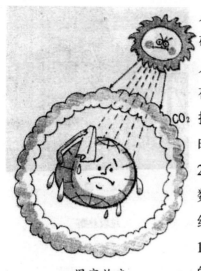

人类进入工业化阶段起，由于矿物燃料的燃烧、砍伐森林等人类活动，二氧化碳的含量正在以令人不安的速度增长着。据专家测定，工业纪元开始时，大气中的二氧化碳浓度为265~270ppm，（ppm为测量指数，就是百万分之一）到19世纪末，上升到300ppm。1958—1988年的30年中，二氧化碳的平均增长率为每年

温室效应

0.9ppm。现在二氧化碳浓度已达到了380ppm。美国、德国、日本等发达国家是世界上碳排放最多的国家。当工业化国家的碳排放增长放缓时，发展中国家的碳排放量却在急剧上升。

专家预言，如果不采取措施减少碳排放，今后150年内，二氧化碳浓度将为今天的4~8倍。那时气温将升高10多度，也许两极将冰雪融化，海平面上升，热浪将袭击人类。

我们头顶上20~48千米处，是环绕着地球的

臭氧层遭到破坏

臭氧层。空气里的大部分氧分子(O_2)由两个氧原子组成,而每个臭氧分子(O_3)内包含着 3 个氧原子。吸进臭氧分子对人体是有害的,但是包裹地球的臭氧层却是人类的保护伞。它能够吸收掉太阳辐射到地球上的 99% 的紫外线,是地球的天然屏障。然而,近些年来,由于大气污染加剧,地球的臭氧层遭到破坏。1985 年,一位英国科学家公布了一个重大发现:南极洲的上空出现了一个巨大的臭氧层空洞。这个臭氧层空洞的面积相当于整个美国的大小,每年春天都会出现。当季节改变,风向发生变化时,周围的臭氧分子会被吹过来填补这个臭氧层空洞,但与此同时周围地区的臭氧水平就会显著下降。1992 年冬天,欧洲和加拿大部分地区上空的臭氧含量下降了 20 个百分点。

科学家发现导致臭氧减少的主要凶手是氯氟烃。氯氟烃被广泛用于冰箱、空调和气溶胶罐中。每次使用发胶、摩丝、空气清新剂时,或者当冰箱和空调被送去维修或报废时,都会有氯氟烃气体泄漏进入空气。这些泄漏进入空气中的氯氟烃会慢慢向上飘,最终进入臭氧层,在太阳的辐射下生成氯原子,使臭氧分子分解。如果这个反应不停地进行下去,臭氧终有一天会从地球上永远消失。好在世界各国已对这个问题引起了高度重视,先后协定了《保护臭氧层维也纳公约》和《关于消耗臭氧层物质(ODS)的蒙特利尔议定书》。尽管如此,有效杜绝臭氧层遭到破坏仍有漫长的路要走。

空气污染对人类的直接伤害也是触目惊心的。人类工业活动尤其是化工工业的兴起,交通工业尤其是汽车的大量使用,造成了世界每年大约排放 1 亿吨煤粉尘,1.46 亿吨二氧化硫,2.2 亿吨一氧化碳,200 万吨铅,7800 吨砷,11000 吨汞,5500 吨镉。这些有毒有害物质严重污染着新鲜空气,严重威胁着人类的健康。不少地方出现酸雨就是一种严重的警示。

水污染同样非常严重。日本曾一度流行的"水俣病"是一

被污染了的土地

种神经性损伤疾病,最早是从一个叫"水俣工厂"的化工厂周边的居民中发现的,后来其他地方也出现了这种病。经专家检测确认是由于化工厂的有毒排放物氯化甲汞基污染了水源,人吃了被污染的水里生长的鱼贝造成的。

2013 年 1 月 4 日,《人民日报》头版头条报道了发生在武汉赫山的"毒地"事件,重金属污染土地最深达 9 米。全国在此前后有多起重大土壤污染事件的报道,包括砷、镉、铅、汞等有毒重金属和石油类有机物污染。其中湖南浏阳镉污染事件不仅污染了厂区周边的农田和林地,还造成 2 人死亡,500 余人镉超标。

据粗略统计，全世界每年排放的污水量约为 4000 多亿立方米，造成 55000 多亿立方米水体的污染。据联合国调查统计，全世界河流稳定量的 40% 受到污染，有的国家受污染的地表水高达 70%。我国水资源污染的情况也十分严重。据水利部门调查，我国有测试数据的 874 条河流中，有 141 条河流，近 2 万千米的河段受到严重污染，全国工业废水排放有近 45% 的排放超标。而且还有大量的生活污水未经任何处理就直接排放江河，致使我国河流大多数遭受污染。水质的污染和水资源的短缺给人类生存发展带来新的挑战。

此外还有森林锐减、生物多样性减少、噪声污染、光污染、电磁波污染对人类带来的不利影响也不容忽视。

最令人担忧的是，核威胁的存在已经成了悬在人类头上的一把"达摩克利斯之剑"。

在进入 21 世纪的今天，全世界大约储备了 3 万件核武器。美国拥有 1.06 万件核武器，其中处于实战部署的有 8150 件；俄罗斯拥有 1.8 万件核武器，其中处于实战部署的有 8400 件；法国拥有大约 350 件核武器；英国拥

原子弹爆炸

氢弹爆炸

有大约 200 件核武器；中国拥有大约 240 件核武器；以色列拥有 80 件；巴基斯坦拥有 60 件；印度拥有 50 件；朝鲜拥有 5~10 件。日本虽然没有储存成品核武器，但他们拥有核原料和随时制造核武器的能力。

美国和俄罗斯两个国家拥有全球核武器总量的 95%。两国的核弹头、核炸弹主要安装在洲际导弹、核潜艇、远程战略轰炸机等可覆盖全球的运载工具上。仅按处于实战部署的核武器计算，美国核武器的爆炸总当量就达到了 13.7 亿吨 TNT 炸药，库存核武器爆炸总当量为 18 亿~20 亿吨 TNT 炸药。俄罗斯现役核武器的爆炸总当量为 21.35 亿吨 TNT 炸药，库存核武器爆炸总当量约为 35 亿~38 亿吨 TNT 炸药。美国部署在国内 12 个州及 6 个欧洲国家的各个核设施中，全都是建立了打击目标，编制了发射程序的实战核武器系统。美国国防部提出了建立进攻性打击系统（核与非核）、防御系统(主动与被动)、灵活反应的国防基础设施三大部分组成的"新三位一体"战略部署。

美国总统有一个随行的军事助理,专门保管着"核按钮"。这是一个设有复合密码锁的手提箱,里面安装有卫星传感器和一本 30 页的"黑皮书"——核打击计划。世界各个具备核打击能力的国家也都配置了这样的能够随时发出核攻击或核还击指令的"核按钮"——它们处于随时可以被激发的状态!

科学家估计,全世界所有核武器的爆炸总当量,足以毁灭人类 50 次!人们可以想象这样的场景:一旦世界核大战爆发,到处火光冲天,烟尘漫卷,江河沸腾,城市化为火海,生命惨遭涂炭。导弹在已经没有了活人的城市上空穿梭,大地在此起彼伏的爆炸声中颤抖……这是一幅多么可怕的图景!如果人类中的某些战争狂人失去理智,如果某些偶然因素引发意外,这样的后果发生决不是危言耸听!

我们的地球,我们人类的生态环境是如此的脆弱,未来面临这么多的不确定性,我们该做些什么呢?

3 寻找仙女

或许是与生俱来的遗传基因使然，或许是后天形成的莫名向往，在人类潜意识中，"仙女"是存在的。只不过我们遇不见，找不着。事实上，几千年来，人类一天也没有放弃对"仙女"的追寻，一天也没有停止对地外文明的向往。随着经济和科技的发展，当条件逐渐成熟，到了能够探索太空的时候，人类顺理成章地把这种追寻和向往化为实际行动。而这些行动，都是以外星高智慧生物存在为前提的。

我们看到，进入工业社会以来，尽管各国有那么多关系到温饱和国计民生的问题要解决，尽管还面临许多发展的难题，但各国总是把最尖端的人才用于研究天文，把最先进的科技用于探索太空。其中一个目的就是寻找地外文明，寻找人类远亲。

人们想寻找到地外智慧生物，可谓费尽了心机。让我们来看看人类探寻地外文明的片断历程：

古代人们通过肉眼来窥视天空，看到较亮的天体也只是点点星光。进入工业社会后，人们发明了光学天文望远镜，能够放大和延伸眼睛功能，因而能够看到月面细节、木星的卫星、太阳黑子等。其实，可见光只是获取天体信息很狭窄的一个信息窗口。大量的星空及宇宙信息不是通过可见光传来的。于是人们运用光电成像、电磁感应、频率谐振等技术，发明了多种高灵敏度的天体探测仪。

20 世纪 30 年代以后，射电天文望远镜的发明，产生了射电天文学。许多类星体、脉冲星、星际分子、微波辐射都是用射电天文方法获得的。

从 20 世纪 60 年代开始，美苏等国陆续发射了一系列的空间天文观测航天器，使天文观测领域扩展到了电磁波段的全波段，包括从 r 射线到无线电长波的较宽阔的领域。这虽然还只是整个宇宙信息辐射的极小一部分。但这已经大大提高了对天体的分辨本领和检测微弱信息的能力。

要想找到外星人，人们目前能想到的办法主要是两种：一是试图收到外星人的信息，二是发出地球人的信息去争取让外星人收到。

第一种办法，怎么收到外星人的信息？

1960 年，一批美国科学家执行了所谓"奥兹玛计划"。他们利用美国国立天文台的大型射电望远镜，接收来自琼鱼座"陶"星和波江座"厄普西隆"星发出的信息，它们距离我们都是 11 光年。科学家选用的是 21 厘米谱线，因为他们相信，外星人也会认识到氢是宇宙间最丰富的元素，并选用氢的谱线作为"星际语言"来与其他星球通信。结果连续三个月日日夜夜的守候，没有发现预期信号。

几位前苏联科学家于 1968 年用类似的方法进行实验，他们收听并分析了来自 12 颗恒星的射电信号，也以失败告终。

　　科学家于是力图制造灵敏度更高的专用设备来进行监听。1971 年,国际天文组织提出了建造功能更强大的"西克劳普斯计划", 即用 1500 架射电望远镜, 每架的直径都是 100 米,组成一个巨大的射电望远镜阵。这个望远镜阵收到的信息数以亿计,但几乎没有能确定为星际通信的信息。

　　或许是我们根本就无法理解和解开外星人密码,对他们的信息充耳不闻、视而不见。就像他们已经在我们的家门口烙下的麦田圈,他们可能认为这是告诉地球人再明白不过的信息圈,可我们却认为它只是"麦田怪圈"。

　　最近,我国公布了与外星人沟通的神秘工具——FAST, 即 Five hundred meter Aperture Spherical radio Telescope 的英文缩写。这是目前世界上口径最大的单体射电望远镜。FAST 是球面状的,主反射面由 4600 块三角形单元拼接成球冠,口径达到 500 米,

中国最大的射电望远镜

接收面积相当于 30 个足球场。它利用贵州喀斯特洼地的特有地形,凹形球面"塞满"整个山谷。FAST 设计综合体现了我国高超的技术创新能力, 代表了我国天文科学领域先进水平,并将在未来 20 年至 30 年内保持世界领先地位。它比目

前最大的射电望远镜阿雷西博有效接收面积扩大了 2.3 倍，意味着其灵敏度分别是目前世界上几个最大的射电望远镜——VLA （美国的特大天线阵）、阿雷西博和印度 GMRT（巨型米波射电望远镜）的 5.4 倍、2.3 倍和 1.5 倍，其可探测射电源数在相同天空覆盖情况下增加约 10 倍。人们寄希望于这个最大的"天眼"或许能找到外星人，并解开许多宇宙未解之谜。

第二种办法，怎么把地球人的信息发送出去让外星人收到？

我们在搜索可能来自外星人的无线电信号的同时，外星人也很可能在搜索来自别的星球的信号。出于这一想法，人类已多次主动地向外太空发送地球信号，宣告自己的存在。

1972 年 3 月 3 日，美国发射了"先驱者 10 号"探测器。它除了完成对木星及其卫星的探测任务外，还走出了太阳系，向外星智慧人带去地球人的问候。这个探测器上携带了一张铝制镀金的名片，上有一幅太阳和九大行星的示意图，从第三颗星上发射出了探测器，在右边探测器的放大图上，画着一男一女，男的举起右手正向"外星人"打招呼，表示友好。另一张完全相同的名片由

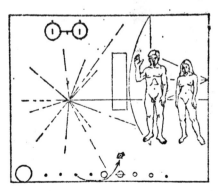

探测器携带的给外星人的地球名片

"先驱者11号"送出,它于1973年4月5日出发,1979年完成探测土星任务后,向着"先驱者10号"的另一个方向飞去,不论它的遭遇怎样,也把地球名片被"外星人"截获的机会提高了一倍。

1977年8月20日和9月5日,美国又分别发射了"旅行者2号"和"旅行者1号"。这对孪生探测器的外表是个棱柱体,顶部装有圆形天线和两根鞭状天线,里面装有核燃料电池和唱机,一张铜制镀金唱片上录制着地球人特征、地球风貌和美国前总统卡特向外星人问候的信息。唱片录制了115幅照片,35种自然界的各种音响,近60种语言的问候语,27首世界著名乐曲。其中包括我国的八达岭长城照片、古典乐曲《流水》、广东话、厦门话方言的录音等。唱片套外还印有使用说明示意图。发射"旅行者号"的目的很明确,它们的目标分别是"猎户座"和"鹿豹座"。也就是说,期待这两个星系中能有智慧生物发现和截获这个独特的探测器,破解地球唱片,知道宇宙中存在着地球人。不过如果真有那么一天,那也是多少万年以后的事了。

我国走向太空是从1970年4月24日第一颗人造地球卫星"东方红"发射成功开始的。从这以后,一直没有停下前进的脚步。1975年11月26日,首颗返回式卫星发射成功,中国成为第三个掌握卫星返回技术的国家。从1999年到2012年,中国已成功发射"神舟"系列飞船,其中"神五"飞船载着宇航员杨利伟实现了首次载人飞行。"神八"飞船完成了首次与"天宫一号"目标飞行器的空间对接。2012年6月29日，我国女宇航员刘洋乘着"神九"飞船首次完成了太空之旅，她与其他2名宇航员一起完成了与"天宫一号"

景海鹏
山西省运城市人
1966年10月出生
2008年9月 执行神舟
七号载人飞行任务

刘洋
河南省林州市人
1978年10月出生
中国首位飞向太空的女航天员

刘旺
山西省平遥县人
1969年3月出生

神舟九号航天员

的手控交会对接并胜利返回。这分明是把我国流传了几千年的"仙女"飞天传说变成了现实。2010年10月，我国正式启动载人空间站工程，计划在2020年前后建成规模较大、长期有人参与的太空实验室。届时，现有的国际空间站将在2020年左右结束使用，那时，中国太空实验室可能成为全球唯一的空间站。相信在不久的将来，我国也将投入更多的精力加入到寻找外星人的行列中来，成为探索太空奥妙和地外文明的重要力量。

在这里，我们不但看到了人们（特别是科学家）在内心深处已经认可了外星人的存在，而且在潜意识里已经把外星人当作高智慧高文明的象征。人们甚至设想，在人类无法解决自己所面临的问题时，只能把出路寄托在地球以外的更加先进的文明身上。这也许就是人类寻找"仙女"的潜动力吧！

4 跟上仙女的脚步

奔向未来

仙女下凡的地方确实是一个美丽的地方。尽管曾遭受了许多劫难,尽管未来也许还会遭受劫难,但这个地方肯定令人向往。你看,风和日丽,流水潺潺,莺歌燕舞,鸟语花香……好一派太平盛世景象。我们所认识的仙女,也就是我们设想中的天狼A4星人,看到这番景象,也将为之倾倒。他们怎么能割舍得下他们的祖先曾经倾注过大量心血的这片土地?这个地方不是狭义的"豫章新喻",也不是单指中国一个国家,而是我们辽阔的地球家园。在经济和科学技术日益发展的今天,地球就是一个村庄,人类都生活在地球村里。在天狼A4星人眼里,我们人类还在蹒跚学步,而且走得很不稳定。他们看人类,看到的只是头脑简单、四肢发达的人。他们可能在担心:无知的地球人啊,千万不要误入歧途。他们甚至已经在心里责备:你们看不到面临的危险吗?你们看不懂我们的提示吗?请开化你们的灵性,请擦亮你们的眼睛,请看清自己将要前行的方向!

人类当今最迫切最伟大的行动,就是要跟上"仙女"的脚步。

跟上"仙女"的脚步,就要发扬和光大人类文明史上那些真正意义上的文明。要去寻找那些尘封在历史遗迹中的文明密码;要去探究那些悬疑在未解谜案中的科学真谛;要去挖掘那些遗传在生命奇迹中的深度潜藏;要去发现那些我们似懂非懂的"天人合一"的关系……

跟上"仙女"的脚步,就要摒弃和纠正人类业已形成的陈规陋习。要克服唯我独尊、唯己自大的坏毛病,转变无视客观规律存在,无视公认法度存在的倾向,对客观规律和公认法度要有敬畏感;要克服贪婪、无节制物质消费、索取无度的坏毛病,同大自然的相处要有所节制,不能任个人欲望恣意膨胀;要摒弃争权夺利、铢锱必争的坏毛病,在与他人、他国交往中要有公平、正义、礼让和宽容精神;要克服虚伪、不讲信用、反复无常的坏毛病,坚定信念,追求理想,崇尚忠诚与坚守……

跟上"仙女"的脚步,核心是要在建设物质文明的同时,更加注重精神文明的长足进步,或者说一定要补足精神文明发展上的短腿,使全世界的文明发展进入一个新的阶段。

我们开始有些欣慰,因为人类已经开始注意到自己面临的危险,开始反思自己存在的问题,开始纠正自己的错误。

世界各国首脑已经多次在一起商谈如何解决发展隐患、环境污染和核威胁问题。国际社会多次就共同应对气候变化,防止核扩散,致力于维护世界和平稳定,促进地区和平发展、睦邻互信、互利合作等问题举办峰会、论坛、演说和走访。我国的党和政府明确提出要坚持以人为本、全面协调可持续和统筹兼顾的科学发展观。美国政府提出"这个时代的和平需要不断推进宽容和机遇，人类尊严与正义的共同信念"。许多国家越来越重视和认同"包容性增长"的问题……

2005年2月16日，世界各主要国家在日本京都就防治环境污染问题达成了《京都议定书》。而在此前后，从1992年签订《巴塞尔公约》起至2012年的20年间，各个国际组织就先后商谈和签订了诸如《保护臭氧层维也纳公约》《维护生物多样性公约》《防止荒漠化公约》《联合国海洋公约》《南极条约》《联合国气候变化框架公约》等多达上百个国际性保护地球环境的公约和条例。

2010年4月6日，美国国防部公布了其新的《核态势审议报告》，表明了美国将以它作为参加新的《战略武器削减条约》的依据。奥巴马政府上台后，提出了"无核武器世界"的构想。俄罗斯也召开安全会议重新审视俄的核政策。在捷克首都布拉格，美国和俄罗斯首脑正式签订了《关于削减和限制进攻性战略武器条约》，其中约定各自减少三分之一现有核军备。

2012年，中国国防部发言人姜瑜在介绍中国核政策时说，中国的核政策是一贯的、明确的、透明的。中国一贯主张全面禁止和彻底销毁核武器，坚定奉行自卫防御的核战略，始终恪守在任何时候、任何情况下都不首先使用核武器的政策，明确承诺无条件不对无核武器国家和无核武器地区使用或威胁使用核武器。姜瑜强调说:"中国愿与国际社会一道,继续为推进国际核裁军进程做出努力。"

2013 年 3 月 17 日上午,中共中央总书记、国家主席、中央军委主席习近平在十二届全国人大一次会议闭幕会上,向全国各族人民郑重宣示:"全面建成小康社会,建成富强民主文明和谐的社会主义现代化国家的奋斗目标,实现中华民族伟大复兴的中国梦,就是要实现国家富强、民族振兴、人民幸福……"

同一天下午,在十二届全国人大一次会议上新当选的国务院总理李克强在会见中外记者并回答提问时说:"走和平发展道路是中国坚定不移的决心。……中国作为发展中的大国,愿意承担相应的国际义务,同世界各国一道,携手努力,守护 21 世纪的全球和平与繁荣。"

我们衷心希望,全世界各国共同努力,克服妨碍世界和平与发展的问题,尤其要用实际行动消除笼罩在人类心头上的核威胁阴影。但愿美俄等国声称的建立"无核武器世界"的设想不是"一场游戏一场梦"。

许多有眼光的专家指出,就可以预见的未来而言,人类除了要采取措施保护大气臭氧层、防止温室效应、治理环境污染、消除核威胁之外,还应该防止来自小行星和彗星

罗伯特·肖赫博士

对地球的撞击。供职于波士顿大学总体研究学院的罗伯特·肖赫博士(Robert Schoch)提出,面对来自太空物体的威胁,我们第一步应该建立一个专用的系统来定位所有太空中接近地球的东西,并判断出哪一个是有可能和地球撞击的。肖赫认为下一次大群火流星落在地球上的时间,大约是在公元2200年左右。他相信,在此之前,人类有相当充裕的时间来做好相关的准备。

让我们共同努力,在跟上"仙女"的脚步、追求真正的文明中迈出坚实的步伐。

结 语

仙女下凡的传说,是一个原生态的、没有经过人为加工的原始神话传说。它没有神话中常见的盲目崇拜色彩和道德色彩,甚至也没有带感情色彩。它纯粹就是一个远古神话传说。它是离"神话是信息积累和传递的手段,是人类口述历史的一种形式"这一定义最近的保存着原汁原味的一个神仙故事。

新余仙女雕塑

为什么古代文学家干宝先生在这个传说故事中明确地把仙女下凡的地点记载为"豫章新喻"呢?

在本书引言部分就开宗明义,仙女下凡的神话传说是人类共同的文化遗产。这个神话不但在全国,而且在全世界各地流传。显然,仙女下凡故事的原发地不局限于"豫章新喻"。但在"豫章新喻"这个地方,这个故事保存得较为完整,流传

仙女湖

得较为广泛。"仙女下凡之地"和"仙女下凡故事流传地"本是两个不同的概念，但由于年代久远，又经过漫长岁月的口口相传，许多神话故事被加工改造，有的已经变得面目全非了。即使是同一类型的神话传说也变得千差万别了。乃至于到最后，"故事流传之地"就演化成了"故事发生之地"。

　　忠实、善良、朴素的新余人民早就把这个传说作为自己宝贵的历史文化财富，一代一代津津乐道地流传，并且结合地域见闻留下了许多见证仙女的遗迹和故事。这些遗迹和故事相印证，形成了新余地区特有的历史文化积淀。以至于搜集神仙故事的古代文学家干宝先生确信"仙女下凡"的故事，就发生在更为古

会仙台

代的"豫章新喻",即今天的江西省新余市仙女湖地区。

如今,您来到新余市仙女湖,还能搜寻到仙女下凡的种种踪迹,还能强烈地感受到仙女下凡的浓浓氛围。

这里,有距今 20 万年的旧石器时代的人类活动痕迹;有距今 6000 多年的新石器时期的拾年山遗址(如今该遗址已列为国家级文物保护单位);有道家学说创始人之一的老莱子在此悟道修行的蒙山;有两位道学大师葛洪和姜阳在此炼丹,他们炼丹的洞府取名为洪阳洞;有相传观音娘娘曾在这里梳洗的八百桥溪池滩;有玉皇大帝用过的砸死敢调戏观音娘娘的狮神的"年杵";有织女固定织机用过的大岗山白石岩"支机石";有经何仙姑指点的道

洪阳洞

士陈大素和罗太冲在此取白石炼丹的浮田山;有经过苦心修炼,羽化成仙,后来"显身助国",搬来天兵打败金兵,被宋钦宗敕封的"黄公真人";有"道合云霄、修真度世"的张大仙在钟山峡岩壁上指画而成的"天书"(此"天书"为远古石篆象形文字,至今无人能识)。

这里,还有以神仙活动有关而命名的地名多处,如渝水区良山镇的"神山"、"鹊桥"、"赶仙桥"、"仙茅观"、"洞真观";城南办事处的"凤凰池"、"凤凰门";欧里镇的"仙坑";水西镇

的"凤落滩"、"汉源村"；分宜县洞村的"神牛洞"，大岗山的
"胡仙洞"，操场乡的"仙姑脑"；仙女湖区的"狐仙洞"、"会仙
台"、"龙王岛"等等。此外，这里出土的文物中有大量的鸟形
或乌形(鸟图腾、日图腾)作为纹饰的石器、陶器、砖瓦等物。

　　仙女文化的氛围更是弥散其间，受其感染，有如醍醐灌

仙来大道

顶。纵贯城市主城区的一条主要街道被命名为"仙来大道"。
这里设有正县级单位建制的仙女湖国家风景名胜区，已列为
AAAA 级风景旅游区；每年定期在这里举办"七夕情人节"；
江西电视台与北
京优赛环球文化
艺术有限公司联
合在这里摄制了
38 集大型古装

牛郎织女邮票

神话电视连续剧《欢天喜地七仙女》；中国邮政集团公司在这里首发了"民间传说——牛郎织女"特种邮票。取材于仙女

央视神话剧《仙女湖》

下凡传说和主要取景于新余仙女湖的 40 集大型神话剧《仙女湖》由中央电视台和北京中金源文化传播有限公司等单位联合摄制，分别在 2013 年 2 月 11 日和 2 月 17 日起在中央电视台 1 套、8 套作为春节期间首部拜年剧隆重推出。两套节目均每天播出 4 集，连续播出 10 天，引起了轰动效应。同时，根据该剧改编的同名小说由长江文艺出版社出版。

此外，围绕着"仙女下凡"传说的相关内容，新余市举办了仙女湖形象小姐大奖赛、世界旅游形象大使总决赛等活动；开通了"仙女湖号"旅游专列；推出了一批与"仙女"有关的专利产品和名优土特产品……

拨开久远的重重迷雾，破解神秘的远古谜案，让我们用现代科学推论的结果，用现代的语言，重新演绎一下这个"仙女下凡"的精彩故事吧：

"在距今 17000 年前某一天，来自天狼 B3 星的一群外星人，乘着超能的碟形飞行器降临地球。他们发现这里环境优美，适合高等生物生存，尤其是水中适合他们活动。于是决定在这个蔚蓝色的星球上进行生命基因改造试验。他们选择了

晚期智人作为载体，融合了他们自己的精神系统和智力基因，组合了食草、食肉动物的消化系统，选取了水生动物的光滑皮肤和皮下脂肪结构，保留了晚期智人的骨骼和肌肉系统，创造了新的人类，并且传授给了新人类不少知识和技能，使人类发生了质的升华。外星人完成使命后，离开了地球。但他们惦记着他们精心培育出来的儿女，隔一段时间便会前来看望，并且带走了部分儿女。"

又一群"仙女"下凡——世界旅游形象大使靓影

仙女下凡故事属于发生地和流传地的新余人民，更属于全中国人民和全世界人民。我们有责任、有义务光大历史文化，传承优良传统，发扬科学精神，传播科学知识，促进科学发展，拓展新的视野，创造新的文明。

前面尽管会有阴霾，但阳光终将普照。人类的未来是美好的，我们期待着。

参考书目

《搜神记》,[东晋]干宝撰,何意华等译注,重庆出版社 2008 年版。

《山海经校注》,袁珂著,上海古籍出版社 1980 年版。

《中国古代神话》,袁珂编著,商务印书馆 1984 年版。

《全本黄帝内经》,线装经典编委会编,云南教育出版社 2009 年版。

《道德经》,李耳原著,蒋信柏编著,蓝天出版社 2010 年版。

《圣经故事》,洪佩奇、洪叶编著,译林出版社 2008 年版。

《希腊神话故事》,[德]古斯塔夫·施瓦布著,艾英译,北岳出版社 2012 年版。

《印度神话故事》,雪明选编,宗教出版社 1998 年版。

《众神的战车》,[瑞士]埃里希·冯·丹尼肯著,辽宁人民出版社 1981 年版。

《被禁止的历史》,[美]道格拉斯·凯尼恩编撰,周子玉译,江苏人民出版社 2011 年版。

《外星人就在月球背面》,李卫东著,重庆出版社 2009 年版。

《天文学概论》,吴延涪、肖兴华主编,中国人民大学出版社 1987 年版。

《领导干部科普知识全书》,袁正光主编,改革出版社 2000 年版。

《全球 100 文明奇迹》,国家地理编委会编,蓝天出版社 2009 年版。

后 记

当本书初稿完成之时,我有一种近乎虚脱的感觉。因为这部书稿的主体部分基本上是在今年上半年几个月的时间里夜以继日写就的。这段时间还包括 2013 年春节。除去春节的应酬,还要追着看中央电视台一套节目上午、中央电视台八套节目晚上连续十天播出的大型神话连续剧《仙女湖》,占去了不少时间。当然,《仙女湖》电视剧的播出,给我写书带来了不少启发和促进作用。《仙女湖》电视剧是用文艺创作的手段塑造仙女的形象,而我这本《仙女是外星人吗》是用逻辑推理的手段考证仙女的出处。

成书的时间虽然只有几个月,但酝酿、积累资料的时间却不知道有多久。我从小就爱好天文地理。记得 5 岁时就听过牛郎织女的故事,50 多年过去了,其故事情节到现在还记忆犹新。我用自己积攒的钱买的第一本书 (连环画除外)是 1970 年上海人民出版社出版的《人造地球卫星》,当时我国刚刚成功发射第一颗人造地球卫星"东方红",书中不仅介绍了"东方红"卫星,还介绍了不少天文知识和苏联、美国、法国和日本在我国之前发射的人造地球卫星。参加工作后,当过国营军工机械厂工人,接触过电工和机械加工。高考时考取的是物理专业,后来转中文专业学习和毕业。从此决定了我以文为主的工作性质,几十年中主要从事的是理论研究、文秘和行政管理工作。虽然从事的是社会科学工作,但对自然科学一直兴趣不减。其间还担任过新余市科学技术协会主席职务。新余市仙女文化研究会成立,我有幸担任了该会的副会长,总觉得应该在其中做点什么事情。于是我就想到一个问题:仙女传说最初的源头在哪里?这个问题也许早就有人想过,但很少有人去深究。我之前也因为工作忙碌的原因,没有去深入思考这个问题。直到近期,由于自己可支配的时间相对充裕,接触到了几本谈及远古外星人的书籍,又受到主流媒体先后报道四川三星堆文化遗址发掘新进展和俄罗斯2013 年 2 月 15 日陨石坠落伤人事件的启发,尤其是中央电视台在春节期间隆重推出首部以景区命名的电视连续剧《仙女湖》。这些因素促成了我把此书的构想变成了写书的实际行动。

尽管这是一本写神仙的书,看起来奇幻无比,实际上它是一部严肃的考证性的书。我在写作时尽量做到严谨、认真,几乎是无一字无来历。有些结论虽然是推理而来,也尽可能要经得起推敲和时间的考验。这本书所涉及的高深理论很多,但我在本书里尽可能以简洁的、通俗易懂的语言来表述。

因此,这本书同时又是一部科学普及读物。

在写作本书的过程中,我有时恍然穿越时空,感觉远古很近,世界很小。在这里,仙女和外星人已经天然地融合在一起了,中间并没有什么冲突。书中有些结论连我自己都感到惊讶。例如,外星人来自 1.2 万~1.7 万年前的推论,外星人来自天狼星系并有过星际迁移的假设,外星人对人类亲善友好并给予过帮助的设想,金字塔和其他神秘建筑物功能的推测以及宇宙生物演化长链等一系列观点,为作者首次明确提出并有机组合。之所以这样做,一是为了本书系统性和完整性的需要,二是以个人浅见抛砖引玉,求教于方家。

令我大受感动的是,一位不知姓名的网友,其昵称为"寒江独钓",在看了李前同志为本书写的序言,还未及看到正文的情况下,写下了以下诗句:"新余山水如梦幻,灵秀少年正翩翩。天庭难锁春梦好,脉脉秀色谁人餐。古今多少悬疑事,穿越时空见七仙。言之凿凿雕龙毕,赖君神笔点睛篇。"短短八句,激情四射,妙笔生花。这使我看到了本书出版后面对读者时的希望曙光。

这本书的写作和出版,得到了新余市政协原党组副书记、原副主席涂绪永同志,仙女湖风景名胜区管委会主任张晓明同志,新余胜康置业有限公司董事长陈自辉同志,江西太平洋建设有限公司董事长罗有华同志,新余市昌余投资发展有限公司总经理刘斌同志,新余影视文化传媒发展公司总经理唐斌等同志的热情鼓励。江西弘道律师事务所主任刘光明同志担任本书的法律顾问，著名画家陈祖煌同志精心为本书创作了仙女下凡图，著名作家李前同志为本书作序。江西人民出版社编辑曾杨同志对全书进行了认真编审。新余日报社印刷厂进行了认真的排版印装工作。在此，对他们的大力支持表示衷心的感谢！

本书的写作，参考了有关书籍资料，引用了部分媒体公开发布的图片，书中未能一一注明出处，也要向这些资料原作者和媒体表达谢意！

由于作者水平所限，掌握资料也不够全面，书中难免有不当之处，敬请读者和同志们批评指正。

林 南

2013 年 5 月

律师声明

本律师接受作者委托,发表声明如下:

本书受《中华人民共和国著作权法》等相关法律法规中有关著作权、商标权、专利权及其他财产所有权法律的保护,如有侵犯上述权益的行为,作者有权予以制止并委托本律师依法追究侵权人的法律责任。

江西弘道律师事务所律师 刘光明

法 律 顾 问:刘光明
宣传策划顾问:唐 斌
订购电话:0790-6863871
　　　　　13479004918
腾讯 QQ:2445649435
网络支持:当当网